# Webディレクションの新標準ルール
## システム開発編

ノンエンジニアでも失敗しないワークフローと開発プロセス

岩瀬 透／栄前田勝太郎／河野めぐみ／岸 正也／藤村 新／藤原茂生／山岡広幸 共著

エムディエヌコーポレーション

©2017 Toru Iwase, Katsutaro Eimaeda, Megumi Kawano, Masaya Kishi, Arata Fujimura, Shigeo Fujiwara, Hiroyuki Yamaoka. All rights reserved.

本書に掲載した会社名、プログラム名、システム名、サービス名などは一般に各社の商標または登録商標です。本文中で™、®は明記していません。

本書は著作権法上の保護を受けています。著作権者、株式会社エムディエヌコーポレーションとの書面による同意なしに、本書の一部或いは全部を無断で複写・複製、転記・転載することは禁止されています。

本書は2017年10月現在の情報を元に執筆されたものです。これ以降の仕様、URL等の変更によっては、記載された内容と事実が異なる場合があります。本書をご利用の結果生じた不都合や損害について、著作権者及び出版社はいかなる責任も負いません。

# はじめに

　本書は2017年2月に刊行された『Webディレクションの新・標準ルール』に続く第二弾として、「システム開発」に焦点を当てた書籍です。システム開発にこれから本格的に携わる、あるいは現在携わっているが経験が浅く日々苦労している方に向けて、主に小〜中規模のシステム開発におけるプロセスやつまずきやすいポイントをわかりやすく解説したものです。

　実際にシステム開発の「設計・実装」を行うのはシステムエンジニアやプログラマですが、プロジェクトをマネジメントするのは、発注元のシステム担当者や開発ベンダー・Web制作会社のディレクターです。システム開発というだけで「自分の担当領域ではない」と身構えてしまうかもしれませんが、システム開発のプロセスを分解すれば、エンジニアや開発ベンダーではなくとも「システムディレクション」を担うことができます。

　Webサイト・Webサービスにおけるシステム開発は、「納期オーバー」「コストオーバー」「当初望んだ通りの機能が備わっていない」というネガティブなイメージが先行しがちです。これは受注側である開発ベンダーに問題があるように思われがちですが、実際には発注側が果たすべき役割を果たせていないことに起因するケースも多々あります。

　システム開発における作業の主導権は開発ベンダーにあるというイメージがあり、システムを発注する側に「開発ベンダーと協力して進める」という意識が根づいていないことも確かでしょう。システム開発はよくわからないからと、開発ベンダーに丸投げしてしまう発注元の担当者の方もいらっしゃるかもしれません。しかし、自らの業務や課題を一番理解している発注元が役割を果たさずに、どうして開発ベンダーが発注元の求める機能を開発できるでしょうか？

　本書では、発注側・開発ベンダー側、両方の視点からシステム開発のプロセスを解説しています。まずはご自身に必要な箇所を拾い読みしていただき、システム開発のプロセスで何が起きるのか、自分たちにはどのような役割があるのか、なぜトラブルが起きるのか、そういった点を認識してもらうだけでも、プロジェクトの成功率は上がるはずです。システム開発における発注者は「お客様」ではなく、明確な役割と責任をもったプロジェクトメンバーであり、発注元・開発ベンダーが両翼となってシステム開発を進めていかなければ、プロジェクトの成功はおぼつかないことを理解していただけるでしょう。

　本書を通じてシステム開発のプロセスを理解することで、プロジェクトへの向き合い方を見直すきっかけになり、ひとつでも多くのプロジェクトの成功が増えることを願います。

2017年10月<br>
執筆者を代表して<br>
栄前田勝太郎　岸 正也

# CONTENTS

はじめに ................................................ 003
本書の使い方 ........................................... 008

## CHAPTER 1
# システム開発の基本とフロー

01　システム開発のプロセス ............................. 010
02　システム担当者が知っておくべきこと ................. 012
03　発注者とベンダーで信頼関係を築くには ............... 014
04　ベンダー選定のフローとポイント ..................... 016
05　システム開発の提案依頼書（RFP）の作成 .............. 020
06　システム開発における管理項目 ....................... 024
07　システム発注側の体制づくりや進め方 ................. 026

## CHAPTER 2
# 「与件」を整理する

01　システム発注側が自社内で行うヒアリング ............. 032
02　プロジェクトチームをつくる ......................... 036

| 03 | プロジェクトチームの役割 | 040 |
| 04 | システム発注側の要件の取りまとめ | 044 |
| 05 | 課題発見と解決のプロセス | 048 |
| 06 | 業務フロー図の作成 | 052 |
| 07 | システム化する範囲を検討する | 056 |
| 08 | システムのリプレイスを考える | 058 |
| 09 | 新システムへの移行を考える | 062 |
| 10 | ゴールを明確にする | 064 |

CHAPTER 3

# 「要件」を定義する

| 01 | 要求定義と要件定義 | 070 |
| 02 | 機能要件を考える | 074 |
| 03 | 画面に関する要件 | 078 |
| 04 | データの要件を考える | 080 |
| 05 | 非機能要件を定義する | 084 |
| 06 | セキュリティ要件を考える | 086 |
| 07 | データの漏えいなどのリスクに対する対応方針 | 088 |

| 08 | システム開発における見積りの考え方 | 090 |

# CHAPTER 4
# 設計・開発・テスト

| 01 | システム開発におけるプロジェクト管理 | 096 |
| 02 | アジャイル開発におけるスケジュール管理 | 098 |
| 03 | 開発前に準備しておくべき項目 | 102 |
| 04 | システム設計の基礎知識 | 104 |
| 05 | ひとつの機能に必要となるパターンの設計 | 106 |
| 06 | ユーザーの行動パターンを想定したUIの設計 | 108 |
| 07 | 代表的な開発モデルと選定のポイント | 110 |
| 08 | アジャイル開発の始め方 | 114 |
| 09 | 環境を自前で構築しなくても開発できる | 118 |
| 10 | デザイナーとの連携（デザイン言語システムの導入） | 122 |
| 11 | テスト計画を立てる | 124 |
| 12 | テスト手法（機能テストとシステムテスト） | 126 |
| 13 | テストケースのつくり方 | 128 |
| 14 | テストを自動化する手法とツール | 130 |

# CHAPTER 5
# リリース・運用・改善

- 01 リリース前のチェックポイント …… 134
- 02 リリースをどのように管理していくか …… 136
- 03 ステージング環境からのデプロイ …… 138
- 04 リプレイス開発とリリースの進め方 …… 140
- 05 Webシステムのセキュリティ …… 142
- 06 リスク管理とプロセス …… 144
- 07 運用において何を管理すべきか …… 148
- 08 Webシステムの継続的な運用とは …… 150

- APPENDIX 1 システム開発の基本用語集 …… 154
- APPENDIX 2 用語索引 …… 156

著者プロフィール …… 159

# 本書の使い方

本書は、Webサイト・Webサービスなどにおけるシステム開発のディレクションをテーマにした解説書です。システム開発の基本的なフローを紹介したあと、「与件整理」「要件定義」「設計・開発・テスト」「リリース・運用・改善」のフェーズに沿って解説しています。本書は以下のような誌面構成になっています。

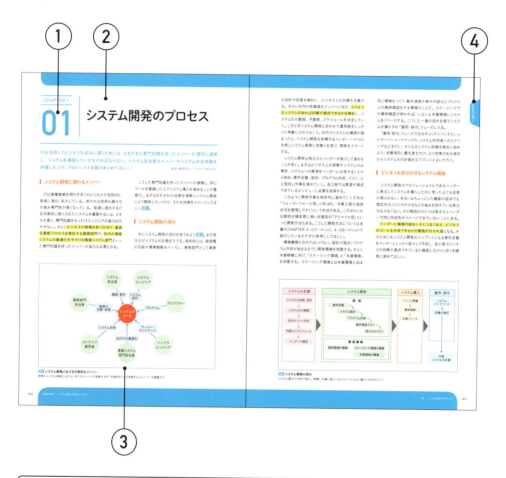

① 記事番号を示しています。

② 記事のテーマタイトルです。

③ 解説文と対応する図版を掲載しています。

④ 章番号を示しています。

※本書に掲載されているURL、サイト名など、すべての情報は2017年10月現在のものです。以降の仕様、URLなどの変更などにより、記載されている内容が実際と異なる場合があります。あらかじめご了承ください。

# CHAPTER 1

# システム開発の基本とフロー

「システム開発」はエンジニアやプログラマだけでなく、発注側のシステム担当者、開発ベンダー・制作会社のディレクターなどがチームとなり、力を合わせて進めるものだ。プロジェクトを成功させるために、まずは基本的なフローを理解して全体像をつかもう。

# CHAPTER 1
# 01 システム開発のプロセス

ITを活用してビジネスを成功に導くためには、さまざまな専門知識を持ったメンバーが適切に連携し、システムを構築していかなければならない。システム担当者はメンバーやシステムの全体像を把握した上で、プロジェクトを取りまとめてほしい。

解説：藤原茂生（アールテクニカ株式会社）

## システム開発に関わるメンバー

ITは業種業態を問わず多くのビジネスで活用され、急速に進化・拡大している。使われる技術も細分化が進み専門性が高くなっている。急速に進化するITを効果的に取り入れたシステムを構築するには、スキルが高く、専門知識をもったITエンジニアの協力は欠かせない。さらにビジネスの現場を取り仕切り、最適な業務プロセスを検討する業務部門や、社内の情報システムの最適化を手がける情報システム部門といった専門知識を持ったメンバーの協力も必要となる。

こうした専門知識を持ったメンバーが連携し、同じゴールを意識した上でシステム導入を進めることが重要だ。まずはそれぞれの役割を理解しシステム開発にどう関係していくのか、その全体像をイメージしてほしい 図1 。

## システム開発の流れ

次にシステム開発の流れを見てみよう 図2 。まず発注元がシステム化計画を立てる。具体的には、経営層が目指す事業戦略をベースに、業務部門として業務

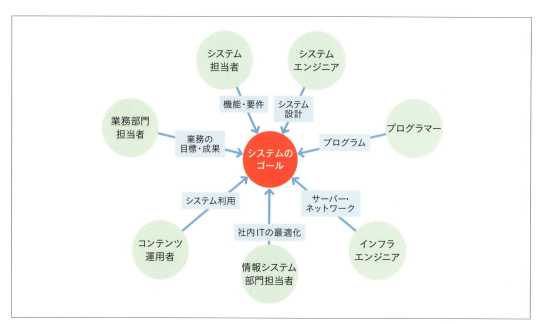

**図1 システム開発における代表的なメンバー**
実際のシステム開発にはさらに多くのメンバーが参画するが、代表的な7つの役割をもつメンバーを掲載する

の目的や成果を検討し、ビジネス上の目標を定義する。さらに社内の有識者をメンバーに加え、どのようなシステムがあれば目標が達成できるかを検討し、システム化の範囲、予算感、スケジュールを決定していく。このときシステム開発と合わせて運用面をしっかりと考慮に入れておこう。社内でシステム化構想が固まったら、システム開発を依頼するベンダー（→P155）を探しシステム提案と見積りを受け、開発をスタートする。

システム開発は発注元とベンダーが協力して進めることが多い。まずはビジネス上の背景やシステムの必要性、システムへの要望をベンダーに共有することから始め、要件定義、設計、プログラム作成、テスト、と工程別に作業を進めていく。各工程では要望が達成できているかレビューし品質を担保する。

このように開発作業を時系列に進めていく方法は「ウォーターフォール型」と呼ばれ、作業工程の進捗状況を管理しやすいという利点がある。このほかにも比較的仕様変更に強い反復型の「アジャイル型」といった開発方法もある。こうした開発方法については本書のCHAPTER 4-07（→P110）、4-08（→P114）で紹介しているのでぜひ参考にしてほしい。

環境構築も忘れてはいけない。設計が固まりプログラム作成が始まるまでに開発環境を用意する。さらに本番稼働に向け、「ステージング環境」と「本番環境」を用意する。ステージング環境とは本番環境とほぼ同じ環境をつくり、動作速度や表示内容などプログラムの最終確認をする環境のことだ。ステージングでの最終確認が終われば、いよいよ本番環境にシステムをリリースする。こうした一連の流れを経てシステムが導入され「運用・保守」フェーズに入る。

「運用・保守」フェーズではセキュリティパッチといったサーバーメンテナンスや、システム利用者へのヒアリングなどを行い、さらなるシステム改善を検討し始めよう。改善項目に優先度を付け、より効果のある項目からシステム化の計画を立てていくとよいだろう。

## ビジネスを成功させるシステム構築

システム開発のプロフェッショナルであるベンダーに発注してシステムを導入したのに思ったような成果が得られない、あるいはちょっとした機能の追加でも想定外のコストがかかるなどの悩みを抱えている発注元も少なくない。その原因のひとつは発注元とベンダーで同じ完成形がイメージできていないことにある。ベンダーに業務内容をいかにうまく伝え、ビジネスのゴールを共有できるかが勝負の分かれ道となる。そのためにもシステム開発のインプットとなる要件定義をベンダーとしっかり協力して作成し、各工程でビジネスの目標が達成できているか確認しながら1歩1歩確実に進めてほしい。

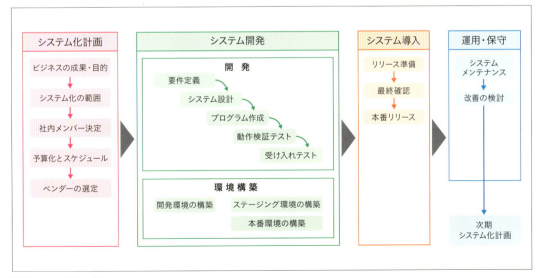

**図2 システム開発の流れ**
システム導入の大枠の流れ。実際に作業に落とし込んでいくとさらに細かく分かれていく

# CHAPTER 1 02 システム担当者が知っておくべきこと

社内の有識者やベンダーとの架け橋となって活躍するシステム担当者は、常にビジネスの目標とシステムの完成形をイメージした上で、メンバーから正確に情報を聞き取り、わかりやすく伝えるコミュニケーション力が求められる。

解説：藤原茂生（アールテクニカ株式会社）

## システム担当者の役割

発注元のシステム担当者が、基本的なITの知識を身につけ、ベンダーと対等に話せるように努力することはとても重要なことだ。だがシステム担当者はITの専門家になる必要はない。業務部門が満足できるシステムを完成することに集中すべきだからだ。

近年のITは専門性が高くなり、1人ですべてを理解し最適な組み合わせでシステムを構築するのは非常に難しい。だからこそ専門的な知識を持った外部のベンダーや社内の業務部門に協力を仰ぎ、プロジェクトにうまく取り込んでいく必要がある。==専門家たちの窓口となり、コミュニケーションが円滑に進むようにサポートする==ことでシステムの完成を目指していく。そのためには常にシステムの完成形をイメージし、目標が達成できているか判断しながら、専門家に適切な情報を渡すことが重要となる 図1 。

## 求められるコミュニケーションとは

システム担当者がベンダーや業務部門に主体的に指示を出すのが理想ではあるが、現実的にはすべての内容を理解し的確に進めていくのは難しい。だからこそ==プロジェクトのメンバーに積極的に相談し、自分の動きが正しいか裏付けをとりながら進めよう==。

たとえば、ベンダーから何かシステム提案を受けたとしよう。まずは提案内容を詳しく聞き、社内の関連しそうなメンバーを思い浮かべる。そして、彼らに何を伝えれば協力してもらえるのかを意識した上で、ベンダーに提案内容を確認していく。社内の協力者で業務部門や情報システム部門、プロジェクトオーナーがいる場合は、業務上のリスクは何か、機材などのIT資源で発注元が用意するものは何か、追加予算が必要かといった内容を確認する。

さらに自分が次に何を行えばよいのかといったアク

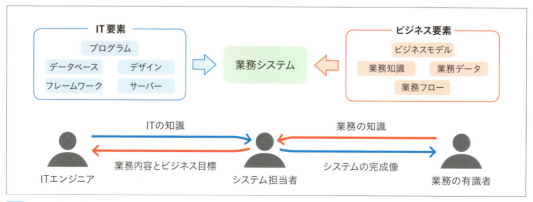

図1 **システム担当者はITとビジネスの橋渡し役**
ITとビジネスの橋渡しがスムーズに進むように相手に伝わる内容に置き換えて説明する

ションアイテムをベンダーと共有し認識の違いがないか確認する。こうした確認をすることで自分のアクションアイテムが明確になり、タスクが滞ってプロジェクトを止めてしまうことも減らせるだろう。

特にシステム担当者は最も情報の往来が激しいポジションなので、周りの協力を得ながら自分がボトルネックにならないように気をつけてコミュニケーションを円滑に進めてほしい。

## 足りないものを探す能力

開発中に問題が発生した場合、システム担当者が次のアクションを思いつかず、タスクを止めたままになってしまうこともあるだろう。これはシステム担当者のIT・業務関連の知識不足のせいというより、誰に相談すれば解決できるのかがわからないことのほうが多い。既存のメンバーで問題を解決できない場合は、新たに社内や外部の業者でサポートしてくれるメンバーを探す必要がある。

たとえば、ミドルウェア（→P155）の設定項目などに不明点があり現在のメンバーで解決できない場合、製造元や製品に詳しい専門業者といったコンサルタントの依頼先を探す。また、業務内容の問題であれば業務部門に有識者がいないか確認しサポートを依頼する。システム開発を進める中で頻繁に起こることなので、システム完成までの作業をイメージした上で、関連しそうな社内のメンバーや外部の業者と日頃から交流をとり情報収集しておくとよいだろう。

## ゴールの違いを意識する

システム開発では多くのメンバーが関わって作業を進めていくが、それぞれの役割によってゴールが異なることを意識してほしい。

ベンダー、システム担当者、業務部門のゴールの違いを見てみよう

- ベンダーは、発注元の要求通りにシステムを完成すること
- システム担当者は、システムが完成し運用上問題なく利用できていること
- 業務部門は、ビジネスの目標を達成できるような満足できるシステムができていること

==こうした違うゴールを目指して動いているメンバーに、ビジネスの目標や最低限達成したいことを伝えていくのはシステム担当者の役割だ。==

たとえば、システムが期日までに完成せずリリース日が遅れたとしよう。この場合ベンダーとシステム担当者は自分のゴールを期日までに達成できなかったことになる。だがもし機能的には満足いくシステムができあがり、結果としてビジネスの目標を達成できれば、最終的にはシステム担当者もベンダーもよい評価を受けることができる。

だからこそ、それぞれのゴールが違うことを踏まえた上でビジネスの目標をしっかり伝えることを心がけてほしい 図2 。

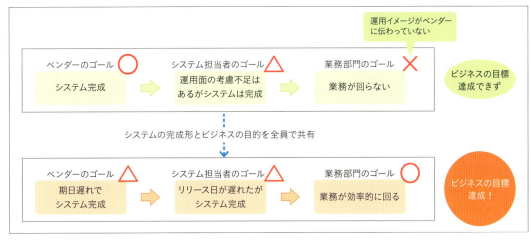

**図2 役割ごとのゴールとビジネスのゴール**
ビジネスの目標が達成できることが最も重要なターゲットなので、システム完成だけにとらわれないように注意する

# CHAPTER 1
## 03 発注者とベンダーで信頼関係を築くには

プロジェクトを成功に導くにはベンダーの協力が必要となる。無用なトラブルを避けるためにも発注者とベンダーの担当範囲を明確にしよう。そして問題を早期発見しメンバー全員で解決に取り組める体制をつくろう。

解説：藤原茂生（アールテクニカ株式会社）

### ■ 担当範囲を明確にしよう

システム開発では発注者とベンダーの担当範囲を決めることが大切だ。通常、システム開発は工程ごとに作業項目を定義しプロジェクトを管理する。この作業項目を発注元とベンダーのどちらが担当するか決めておく。

たとえば、要件定義フェーズでは、業務部門に誰がヒアリングし、要件定義書は誰がつくるのか、設計フェーズでは設計書は誰がつくり、テスト計画は誰が立てるのかといった具合だ。

作業項目はシステムの開発手法やプロジェクトの規模により異なるので、対象プロジェクトに必要な作業項目をベンダーに提示してもらうとよいだろう。

実際に開発作業がスタートすると工程ごとに発注元の承認を得た上で次の工程に進んでいく。たとえば、承認された要件定義に不備がありシステム開発に手戻りが発生した場合、発注元の責任で仕様変更することになる。こうしたトラブルを避けるためにも発注元の関連メンバーでしっかりと内容を精査し合意をとった上で次の工程に進んでほしい 図1。

また、Webサービスを導入するにはシステム開発以外にも付帯する作業がある。たとえば、ハードウェアやパッケージソフトなどのシステム環境の調達や、環境整備や初期データ作成などの作業である。こういった作業も事前に発注元とベンダーで協議しどちらが行うのか決めておく必要がある。

以下にシステム環境の調達と付帯作業の一般的な例をあげるので参考にしてほしい。

**システム環境の調達の例**
- ハードウェア機器（サーバーなど）
- パッケージソフトウェア（CMSなど）
- ミドルウェア（データベースなど）

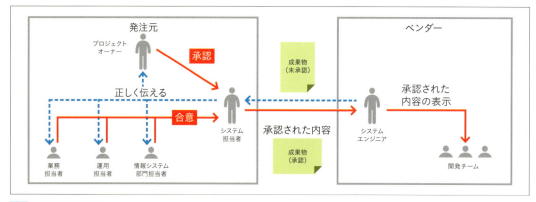

**図1 成果物の承認フロー**
発注元でしっかり合意・承認を得た上でベンダーに提供する。ベンダー側も承認された内容か確認の上で開発チームに指示をする

- オペレーティングシステム
- 外部サービスとの契約

**付帯作業の例**
- インフラ整備と環境構築
- 開発環境の構築
- データ作成などを含むテスト環境構築
- 利用者への利用方法の説明
- 本番移行作業（プログラム、初期データ登録など）
- セキュリティ管理

## 突発的な作業を減らそう

　担当範囲があらかじめ明確になっていると突発的な作業が減り計画通りに進められるようになる。さらにスケジュールに余裕が出てくれば、ベンダーにも考える時間が生まれ「仕様通りに言われたものをつくる」という姿勢から、「ビジネス面を考慮したよりよい方法」を考えながら作業を進めるようになる 図2 。ベンダーのITエンジニアがこうした意識を持つようになれば、仕様の矛盾点やもっとよい方法があるといった提案が多く上がってくるようになるだろう。

　こうした改善点の報告や相談は早ければ早いほど対処方法の幅が広がる。大きな問題となる前に先手を打てるというわけだ。

　プロジェクトが後手後手に回らないためにも事前に担当範囲をしっかり決めておいてほしい。

## ベンダーとよい関係を続けるには

　ベンダーが主体的に動いているからといって発注者は安心してはいけない。ベンダーとのよい関係を続けるには発注者も主体的に動く必要がある。

　特にシステム開発時の問題点や対策案をベンダーが提案した際に、発注者からの回答が返ってこないとスケジュールに大きな影響を与えてしまう。こうした問題を防ぐために発注者が主体的に動き社内での合意形成を取る必要がある。

　もし発注者が社内での情報展開を怠りスケジュール管理のみにこだわっていると、ベンダーはスケジュールを守るために「たぶんこうだろう」という憶測で開発を進めてしまう。

　問題が発覚し作業に遅れが生じると「問題の解決策」を検討するより「遅れた理由」を探すことを優先してしまう。また進捗会議の場では「発注元から回答が来ていないために作業が遅れている」と答えてしまう。こうなると作業遅延が発生するまで問題点が上がってこなくなり、早期に上がっていれば発注元で対処できた問題も解決できなくなってしまう。

　こういったトラブルを避けるためにもお互いに責任範囲と担当範囲を明確にして、無理を押しつけない体制づくりが必要だろう。

　何をやるのか、なぜやるのかを共有するだけで誰が何をやるべきかわかる。発注者は、こうした自発的に動く体制をベンダーとの間に築いてほしい。

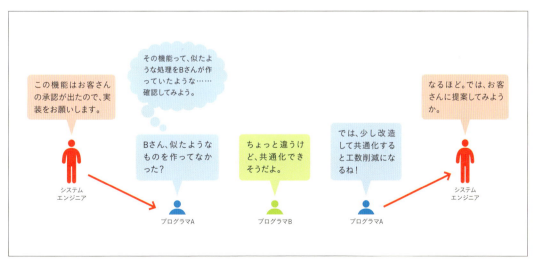

**図2　ベンダー内でのコミュニケーション**
スケジュールに余裕ができることでエンジニア間のコミュニケーションが増え、新しい提案や問題点の早期発見に貢献するようになる

# CHAPTER 1
## 04 ベンダー選定のフローとポイント

システム構築という大きなプロジェクトの上流フェーズにベンダー選定があるが、これ自体もひとつの独立したプロジェクトととらえることができる。ここではRFP作成からベンダー選定にいたるまでの流れを確認し、選定ポイントを解説する。

解説：栄前田勝太郎（有限会社リズムタイプ）

### RFP作成からベンダー選定までの流れ

企業がベンダーに相談を持ちかけ、提案を要求するケースは大きく2通りに分けることができる。

ひとつは、依頼内容が不明確な状況で、ベンダーに提案を求めるケース。企業の悩みはさまざまであり、場合によっては企業自身が自社の課題を十分に整理できていないこともある。そこで自分たちの漠然とした問題意識やニーズを引き出して、整理してもらうことをベンダーに求める。この場合は、==課題や要件を整理するために、提案を受ける前段階からベンダーに作業を手伝ってもらうこともある。==

企業がベンダーに提案を要請するもうひとつのケースは、「RFI」（Request for Information：情報要請書）および「RFP」（Request for Proposal：提案依頼書）を発行する場合だ。基本的に複数社に対して同時に提案を求めることが一般的だろう。

ここでは、後者のケースでRFP作成からベンダー選定までの流れを確認してみる 図1 。

### ベンダー選定方針の策定

まず、具体的にどのような手順やスケジュールでベンダーを選定するか方針を明文化して社内承認を得る。

たとえば、ベンダーとのコミュニケーションを重視して過去に委託したことのあるベンダーを優先的に選定するとか、今回は失敗が許されないプロジェクトなのでコストよりもスキルを重視するとか、逆に発注側でベンダーをしっかりコントロールするのでコストを重視するとか、そのプロジェクトの特性に応じた方針を明確にする。

### 候補ベンダーの抽出

ベンダー選定方針に基づき、委託先候補ベンダーをリストアップする。この段階で各ベンダーのWebサイトなどに開示されている情報などから、会社の安定性や提案依頼範囲の他社導入実績などを下調べする。そして、実際にベンダーの営業担当とコンタクトをとるなどして、提案参加への「姿勢やモチベーション」なども確認する。

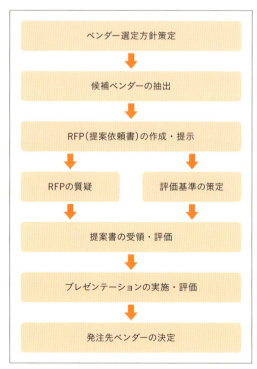

図1 ベンダーを選定する際の一般的なプロセス

### RFPの作成

システム企画書の内容をもとに、RFP（提案依頼書）を策定する。RFPの作成については次節で詳しく述べる（→P020）。

### RFPの提示

提案依頼候補のベンダーに対し、RFPを配布し、説明会を実施する。RFPは事前に配布し、各ベンダーが読み込んだうえで説明会に参加してもらうようにする。説明会への参加メンバーの顔触れ、説明会での質疑応答内容なども候補ベンダーの実力と「姿勢」を確認するために有益な情報となるだろう。

### RFPの質疑

RFPの記載内容に対してベンダーからの質問を受け付け、回答する。公平を期すために、==各ベンダーからの質問および回答内容については、提案依頼ベンダー全社に同じ内容を共有するのが一般的だ==。この段階で、プロジェクトに内在するリスクについて鋭い質問がされるのか、記載不備など形式的な質問ばかりなされるのかなど、ベンダーの実力把握としても重要なプロセスになる。

### ベンダー選定評価基準策定

ベンダー選定方針に基づき、どのような評価軸でベンダー選定を行うか、具体的な評価項目をリストアップし、選定を行うメンバーがどのように評点するかなどの基準を策定する。コスト重視なのか、実績重視なのかなどの方針によって、どの評価項目を優先させるか、重みづけを検討する。

### 提案書の評価

各ベンダーから提示された提案書について、RFPを評価軸として比較評価し、候補ベンダーを数社に絞り込む。
==ベンダーの評価に際しては、複数名で評価を実施することで、なるべく多くの視点を入れるようにする。==評価は点数付けや順位付けなどを行い、優劣を明確にすることを推奨する。

### プレゼンテーションの実施・評価

提案書だけで評価を行う場合もあるが、できるだけベンダーにプレゼンテーションを実施してもらうほうがよいだろう。

プレゼンテーションの実施者は、実際にプロジェクトをマネジメントする候補者に担当してもらうことができれば、力量や人となりを見ることもできる。

提案内容に関する質問を積極的に行い、提案の優劣をより明確にし、評価は提案書同様に点数づけや順位づけを行う。

### 発注先ベンダーの決定

プレゼンテーションの結果、最終的に交渉するベンダーを選定する。

最終的に、どのベンダーも合格点に達しなかったといったケースについても、あらかじめ対応方針を明確にしておくとよいだろう 図2 。

---

❶ **提案の概要**
　・背景、課題の整理
　・提案の基本方針、考え方
　・提案にあたっての条件・前提事項
❷ **提案内容**
　・提案内容の全体構成
　・プロジェクトの進め方
　・手法・方法
　・実施手順
　・具体的な実現方法
　　　・システム構成
　　　・技術、ツール、等
❸ **スケジュール**
　・フェーズごとのスケジュール
❹ **価格**
　・見積りにあたっての条件・前提事項
　・フェーズごとの明細を明記
❺ **体制**
　・プロジェクト体制
　・チーム構成
❻ **役割分担**
　・フェーズ・タスクごとの役割分担
　・発注側が準備すべき資源・情報・体制
❼ **定例報告、会議**
❽ **成果物の仕様**
❾ **連絡窓口、コミュニケーション方法**
❿ **参考資料**
　・会社情報
　・参考事例

図2　一般的な提案書の項目

## ベンダー選定はパートナー選び

発注側はベンダーとは主従の関係にあると錯覚しがちだが、これは大きな間違いだ。ベンダーは発注側にとって「パートナー」であり、このベンダー選定のプロセスは「パートナー選び」とも言える。

自社に開発技術がなければ、どれだけ発注側が要件を完璧に洗い出したとしても、システムとして具体化するにはベンダーの専門技術が必要となる。

発注後、長い付き合いになる可能性があるわけだから、発注側としてもベンダーには惜しみなく力を出してもらい、継続して高いパフォーマンスを発揮してもらいたいはずだ。主従関係で付き合うと、発注側は何かと自らにばかり都合のよい要求をするようになりがちで、関係悪化につながりかねない。それよりも対等なパートナーとして付き合い、お互い敬意を払ったほうがずっと効果的ではないだろうか。

つまり、発注側の役割とは、自社に最高の貢献をしうるパートナーを選び、最高のパフォーマンスを発揮してもらえる環境を整えることだ。その代わり、ベンダーにはシステム開発のプロとして相応しい先進性・対応・技術力・パフォーマンスを求めるといいだろう。

## ベンダー選定基準を評価者に周知徹底すること

ベンダーからの提案書を読み込んだり、長時間のプレゼンテーションを聞いてベンダーを評価することはそれなりに負荷が高いことだろう。

だが、ベンダーと一度契約してしまうと、プロジェクト中に変更することは困難なため、ベンダー選定は慎重に行うべきであることを評価者に理解してもらう必要がある。

プロジェクトを成功させるためには、ただ評価基準を作成するだけでは足りない。

各評価者がベンダーのスキル・品質・前提条件などを見極められるようにして、プロジェクトの総意としてベンダーを選定するために、そして、ベンダーとともにプロジェクトを進めるために、採点基準は曖昧にせず、周知徹底することが大切だ 図3 。

## 提案書評価のチェックポイント

すべてのベンダーの提案書を受領したら、比較評価を開始する。ここでは以下のようなベンダー選定の評価軸を挙げてみるので参考にしてほしい 図4 。

- RFPの理解度と網羅性
- 要件への対応度
- システムの柔軟性と拡張性、保守性
- 計画の妥当性
- プロジェクト遂行能力
- コストの妥当性
- プレゼンテーション
- そのほかの加点、減点要素

| 基本評価 | 基本的な対応、スタイル | 対応のレスポンス、期限遵守、誠実さはどうか |
|---|---|---|
| | 取り組みの姿勢 | 資料をきちんと読みこんでいるか、理解しようと努力しているか<br>モチベーション、チームワーク、関係者の参画度合いはどうか |
| | 提出物 | 提案依頼内容と適合しているか、漏れはないか<br>文書の品質は保たれているか |
| 実力評価 | 技術力 | 企業の技術力や標準化への取り組みは十分か<br>技術力の根拠はあるか、経験や実績はどうか |
| | 対応力 | 依頼内容、業務要件、システムへの理解度、読み込みの深さは十分か<br>提案内容に合理性、納得性、説得力はあるか |
| | コスト・メリット | 算出根拠に信頼性、合理性、納得感はあるか |
| 最終評価 | リスク管理、プロジェクト体制 | 行き当たりばったり、その場しのぎではないか<br>会社やチームとしての体制が継続しているか |
| | 人材 | 相対した人物の態度、信頼度、プレゼン力は十分か<br>この人といっしょにプロジェクトを行いたいか |

図3 ベンダー評価の考え方

## ベンダー選定におけるリスク

どれだけしっかりしたベンダー選定手続きを実施していたとしても、キックオフ後にプロジェクトが暗礁に乗り上げて、プロジェクトの中断やベンダーチェンジにいたる事例はある。ここでは、ベンダー選定のプロセスのどの部分にどのようなリスクがあるのか、確認してみる。

### 提案と現実とのスケジュール感の差

ベンダー選定プロセスで、各ベンダーとしては、RFPを受領してから数週間のうちに発注側の意図を汲み取った上で、要件定義からリリースまでの実現性のある計画を組み立てる必要が出てくる。

ベンダーの立場で、提案書のスケジュール感で提案した通りにQCD（Quality:品質、Cost:予算、Delivery:納期）を達成するためには、発注側の企画段階から深く入り込んでしっかり情報収集して発注側とスコープや進め方を握っておくか、キックオフ後にいくつかチェックポイントを設けて、そのたびにプロジェクト全体のスコープやスケジュール、コストを見直しして、着地点を模索していくというアプローチが必要になる。

### 提案チームと開発チームのスキルギャップ

発注側からすると、候補ベンダー抽出の段階から、時間をかけて、提案書やプレゼンテーションの評価を行って、ベンダーを選定する。

しかし、プレゼンテーションに出てくるメンバーは多くても数人程度であり、プロジェクトメンバー全員と面談するわけにはいかない。ベンダーとしては、受注するために、提案チームに優秀な人材を固めるということも往々にして行われるものだ。その場合、キックオフ後にふたを開けてみたら、開発チームのメンバーの実力はあきらかに不足していて、発注側が思い描いたプロジェクト進行とならないこともある。

### 役割分担に対するお互いの認識の齟齬

発注側のRFPの検討が不十分だった場合、==キックオフ後に要求仕様やシステム化の目的にブレが生じるケース==がある。そのようなケースにベンダーが要求仕様までさかのぼって積極的に入り込んでくれるか、「要求仕様は発注側の問題」として突き放してしまうかでプロジェクトの先行きは大きく異なる。

発注側としては、ベンダー側がフォローしてくれるのが当然と考える。しかし、受注側としては、RFPの記載内容に対して提案書を提示し、その内容に基づいて契約しているので、要求仕様の精査などは契約外という認識もある。

このようなケースでは、発注側、受注側がお互いに歩み寄らなければ、プロジェクトは頓挫してしまう。

| 評価項目 | A社 | | B社 | |
|---|---|---|---|---|
| | 評価点 | 評価コメント | 評価点 | 評価コメント |
| RFPの理解度と提案内容 | | | | |
| ①要求内容、条件の理解度 | | | | |
| ②提案までの問い合わせ状況 | | | | |
| ③提案内容の網羅と達成 | | | | |
| 要件への対応度 | | | | |
| ①目的への対応の明確性と具体性 | | | | |
| ②機能要件の実現度 | | | | |
| ③各機能実現の具体性 | | | | |

図4 評価シートの例

# CHAPTER 1
## 05 システム開発の提案依頼書(RFP)の作成

発注元が外部のベンダーに開発を依頼する際、システム提案をしてほしいと依頼するためのドキュメントがRFP。どの程度詳しく書くのかバランスが難しい資料だ。ここではRFPの作成方法と基本的な構成要素を解説する。

解説：藤原茂生（アールテクニカ株式会社）

### RFPってどんなもの？

システム開発ではベンダーに開発を発注することが多い。その発注元がシステムを提案してほしいとベンダーに依頼する際に作成するドキュメントを「RFP」と呼ぶ。通常、いくつかの発注先候補となるベンダーにRFPを提供し、システム提案を依頼する。ベンダーではRFPを参照し見積りを含むシステム提案を行う。その後発注元内で提案内容を吟味し発注先を決定する。

小規模のシステム開発ではRFPを作成せずに口頭で依頼内容を説明する場合もある。しかし口頭で伝えてしまうと対応範囲が正しく伝わらないことがある。たとえば、ベンダー側の見積りにソフトウェアの開発工数は入っていたが、本番適用にかかる作業工数は含まれていなかったとしよう。発注元は本番適用作業もベンダーが行うものとして予定していた場合、リリース直前になって本番環境への適用作業を誰が行うのかといったトラブルになる可能性がある。また、複数の発注先候補がある場合、口頭で説明してしまうと依頼内容にばらつきが生まれ公正なベンダー選択ができず、最適なシステム提案のチャンスを逃す可能性がある。このようなリスクを未然に防ぐためにも簡単なものでもよいのでRFPは必ず作成してほしい。

### RFP作成の流れ

RFPの作成は発注元でRFP作成チームをつくることから始まる。プロジェクトの目的、開発規模、予算、スケジュールなどシステム化の大枠が固まったら主管部門を決めRFP作成チームを結成する 図1 。情報システム部門が主管となることが多いが、プロジェクトによっては業務部門が直接主管を務める場合もある。

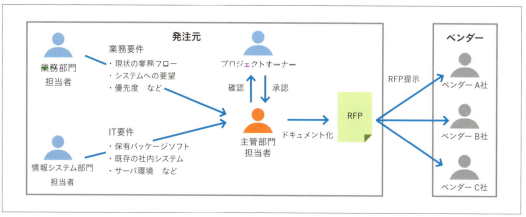

**図1 RFP作成チーム**
システム開発時やリリース後の運用もこのチームで連携することが多いので、しっかり情報共有しておこう

チームメンバーが決まったらシステム実現に向け、まずは調査を開始する。

業務部門へのヒアリングでは現状の業務フローやシステムに対する要望、優先度を確認する。また業界独特のビジネス用語を調べておくことも必要だ。さらに、情報システム部門が中心となって社内のネットワークやサーバー環境、関連システム、保有しているパッケージソフトなどのITリソースを確認する。

こういった調査結果を主管部門のメンバーが中心になりRFPとしてまとめドラフト版を作成する。機能や要件、前提条件に落とし込むにはITエンジニアの協力が必要となる。発注元のシステム担当者が行う場合もあるが、外部のITコンサルタントに依頼することもあるだろう。ただし、発注先候補のベンダーに協力してもらうのは危険だ。ベンダーに提供する情報が偏り、ベンダー選定時に公正な判断ができなくなる可能性があるからだ。

RFPのドラフト版ができたら関係者全員とレビューし、認識の違いや漏れがないか確認する。RFPを修正し、再度関係者に確認し、問題ないという合意が得られてRFPが完成する。

## RFPの基本的な構成

RFPに含める内容はプロジェクトの規模や業種によって異なるが、以下に一般的な例を挙げる。

### 1. RFPの趣旨

ベンダーが提案するために必要な前提条件を記載する。たとえば、ベンダーからの提出物として提案書や見積書に加え、製品を使った提案も含める場合は、製品紹介パンフレットといった提出してほしい資料を記載する。ほかにも提案書の提出期限、プレゼンテーションの日程、ベンダー選定結果の連絡期日といったベンダーを決定するまでのスケジュールや、パートナー企業と連携し、複数社での提案の可否といった提案方法も記載する。

### 2. プロジェクトの概要

プロジェクトの背景や目的、開発規模といったプロジェクトの全体像を共有する。まずは、発注元の事業計画、中長期の業務システムのあるべき姿や目指していく方向性、複数のシステムが連携して業務を行っている場合は関連システムの全体図といったプロジェクトの概要と、現状の課題やシステム導入に期待する効果といったプロジェクトの目的を記載する。

次に、システム開発の期間やリリース予定日といった目標としているマスタースケジュール、概算費用といったプロジェクトの前提条件、発注元の体制図など全体像をイメージできる内容を記載する。

### 3. 今後の展望や拡張性

業務の今後の展望や、今回は発注範囲外だが将来的に頼みたいことなど、プロジェクトが変化していく方向性を記載する。また、RFP作成時点でシステムを拡張する計画があるならば、具体的な拡張機能を記載し、拡張性を確保した提案を依頼するとよいだろう。

### 4. 業務の概要と業務フロー

システム化したい業務は、どのような業務内容で、どういった役割のメンバーが関わっているのかといった業務の概要を記載する。その上で、各メンバーが行っている業務の関連性を示した業務関連図（次ページ図2）も記載する。

また、どの役割のメンバーがどういった流れで作業しているのかを示した現状の業務フローと、本来あるべき作業の流れを示した新業務フローも必要だ。

さらに、業務上必要なシステムの稼働時間や、メンテナンスなどで停止してよい時間帯、高負荷が予想される時間帯など、システム運用時を想定したサービス提供時間に関する内容や、高負荷時の想定ユーザ数、期待するレスポンスの速さといった処理性能についても記載するとよいだろう。

### 5. 機能要件

機能要件では機能一覧、画面一覧、データ構造、外部システム連携などを記載する。機能一覧や画面一覧はカテゴリごとに階層化してつくるとわかりやすくなる。たとえば、管理者用の機能、利用者向けの機能、自動バックアップなどの画面のない機能などの分類で記載するとよいだろう。

データ構造は概念的なデータの関連性を示した

図や、既存システムの改修の場合などで詳細なデータ項目が決まっているようであればデータ項目定義を提示する。

外部システムとの連携がある場合は、システムの全体像がイメージできるような連携図を記載する。さらに各連携システムのインターフェイス定義書を提示するとより正確な見積りを期待できる。

## 6. 既存システムの流用

既存システムを流用してプログラムを改修する場合は、既存システムの概念図や仕様書、データ項目定義書といった既存システムの設計書を提示した上で、改修が必要な理由や追加機能を記載する。

## 7. 非機能要件

非機能要件とは、システムの機能面以外で必要な要件で、処理速度やバックアップ、障害復旧などがある（詳しくはCHAPTER 3-05で解説→P084）。たとえば、画面が表示されるまでの時間や、夜間にデータバックアップなどが走る場合はバックアップにかけてよい時間といった処理性能に関する内容を記載する。

そのほかにシステム利用者別のアクセス権限やアクセスログの必要性などセキュリティに関する内容や、将来的に他システムへの移行も考えられる場合は、移植性について「OSやサーバー機の変更ができること」や「データを一括で取り出し別システムへの移行できること」といった要望を記載する。

## 8. 付帯作業

システムの機能面以外で提案してほしい付帯作業がある場合は記載する。たとえば、システムの初期データ作成作業や、本番動作環境の作成といった作業を依頼する場合は記載する。また、運用面も考慮しシステムの利用者向けのマニュアル作成や、利用方法の説明会の開催といった付帯作業も必要に応じて記載する。

## 9. 開発環境

ベンダーがどういった開発者をどの程度の期間、確保すればよいのか想定できるように、システム開発の前提条件を記載する。開発期間は具体的に日付で指定し、開発作業は発注元の社内で作業する必要があるのかといった作業場所に関する内容や、レビューや定例会議の開催場所、ヒアリングなどで別の拠点に行く必要がある場合は拠点の場所を記載する。

また、開発言語やミドルウェアやフレームワークと

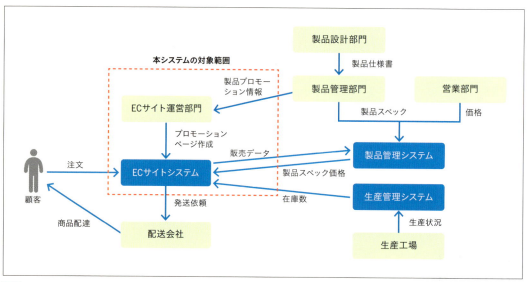

**図2　ECサイトの業務関連図の例**
一般的なECサイトを例にした業務関連図。連携するシステムや関連部門をすべて記載し業務の全体像を示す。また、システム化の対象となる業務範囲を枠で囲み範囲を明確にする

いった前提となるソフトウェアがある場合は、ソフトウェアの名称とバージョン番号も記載する。

## 10. 運用保守体制

システムリリース後の保守体制についても記載する。OSやミドルウェアのセキュリティアップデートといったサーバー管理の保守に加え、システムの不具合発生時に原因調査や軽微な改修といったアプリケーションの保守内容についても記載しておく。

また、システムへのデータ登録といったコンテンツ面での運用チームが必要な場合は、想定人数やスキルについても記載する。

## 11. 提案してほしい内容

ベンダーからのシステム提案書には、RFPに記載した要件を満たすシステム概要や提供する機能を含めるように依頼する。具体的には、システム構成図やアプリケーション構成といったシステム全体を俯瞰できる概念図や、提案の機能一覧や各機能の実現方法、作業項目を含めるように依頼する。そのほかにも、開発体制や運用体制に加え、各メンバーのスキルや、類似システムの開発経験といった関連メンバーの情報や、開発スケジュールや工程ごとのマイルストーン、レビューの方法といった内容を含めるように依頼する。

また、提案に含めなくてよい範囲も記載しておく。たとえば、サーバーやドメインなどすでに所有していて提案が不要なものは記載し提案範囲を限定する。

こうした提案内容と見積りを合わせて提案するように依頼する。もし、要件とは異なるがほかによいシステム提案があれば受け付ける場合は、見積りを2通りに分けてもらうと比較がしやすい。

## 12. 評価方法

ベンダーからの提案の評価方法についても記載する。RFPに記載している機能要件、非機能要件を満たしているかといった基本的な評価軸に加え、提案内容が本当に実現できるのかといった実現可能性や提案の具体性、ベンダー側の体制として必要なスキルが満たされているのかといった評価内容を記載する。もちろん価格も評価軸に入れる必要がある。

## 13. 契約に関する内容

請負契約といった発注形態、納期や検収試験の方法、納品方法といった検収条件、支払いに関する条件、機密保持契約やプログラムなどの著作権に関する内容を記載する。さらに、システムに不具合が合った場合の瑕疵(かし)担保や責任範囲も記載する。

## RFPの効果と完成度の関係

RFPの作成は時間とコストがかかる。RFPを詳細につくればシステム開発が成功するわけではない。たとえば、詳細なRFPをつくってしまったが故にシステム開発全体のスケジュールを圧迫してしまい、その結果、一部の機能を削減した状態でリリースし当初想定していたような効果を得られない可能性もある。一方で、RFPを簡略化したおかげでベンダーから提案の幅が広がり想定していなかったすばらしい提案を受け、短期でよい投資効果が挙げられることもあるだろう。==完成度の高いRFPがよいのではなくプロジェクトごとにバランスを取って作成する必要がある== 図3 。

|  | 簡略化したRFP | 詳細なRFP |
|---|---|---|
| RFP作成コスト | 小さくなる | 大きくなる |
| システム提案の幅 | 広範囲の提案 | 限定的な提案 |
| システム提案の比較 | 比較が難しい | 容易 |
| システムの完成度 | 予想外なことが起こりやすい | 想定内に収まりやすい |
| 社内での合意形成 | 設計段階まで社内合意が取りづらい | RFP作成時に社内合意 |
| システムの立ち上がり | 時間がかかる | スムーズ |

図3 RFPの効果と完成度の関係
RFPの詳細さとプロジェクトに与える影響を記載するので参考にしてほしい

# CHAPTER 1 06 システム開発における管理項目

システム担当者はシステム開発のいろいろな局面で出てくる検討項目をあらかじめ想定しておこう。ここでは管理項目や管理支援ツールを紹介するので、プロジェクトに合わせて最適な管理方法を見つけてほしい。

解説：藤原茂生（アールテクニカ株式会社）

## 一般的なシステム開発の管理項目

システム開発にはプロジェクトの管理項目がいくつかある。これらの管理項目は事前にルールを決めることでプロジェクトの課題や進行状況が管理しやすくなる。また管理項目やルールを関連メンバーに共有しておくことで、それぞれが迷うことなく作業に取りかかることができ作業効率化にも役立つ。

以下に一般的な管理項目の例を紹介するので参考にしてほしい。

### コミュニケーション管理

プロジェクト内での情報共有のルールを決める。ルール化することで連絡ミスを防ぎ、関連メンバーの負担を減らすことができる。たとえば、以下のような項目を決める。

- 会議体や各会議の趣旨
- 成果物の保管場所やフォルダ構成
- 進捗報告書といった報告書の種類と記載内容
- 情報共有するためのツールと利用方法
- 承認フロー　など

### 進捗管理

プロジェクトの作業工程を分解し、作業項目ごとの進捗状況を確認することでプロジェクト全体の進捗状況を管理する。作業項目をどれくらいの粒度で分解し管理するか事前に決めておく必要がある。細かくしすぎると各メンバーの作業報告に手間がかかり負担が増えてしまうので注意してほしい。

こうした進捗管理には、プロジェクト管理ツールを使うことが多い。サーバーインストール型のRedmine（http://redmine.jp/）や有償Webサービスのbacklog（https://www.backlog.jp/）などさまざま製品があるのでぜひ利用してほしい 図1 。

### 課題管理

システム開発を進めていく中で発生した設計上の矛盾点やプログラムのバグなどの課題は、上記で紹介したようなプロジェクト管理ツールに起票し、関連メンバーと共有した上で対応状況を管理していく。

### 変更管理

ソフトウェア開発では開発中に仕様変更したいとい

図1 Backlog（https://www.backlog.jp/）
有償Webサービスのプロジェクト管理ツール。タスク管理、スケジュール管理、ファイル共有といったプロジェクト管理に必要機能を揃えている。Webサービスなので外部ベンダーとの情報共有にも利用しやすい

う要望は少なからず発生する。こうした変更要望の対応状況を管理するのが変更管理だ。変更要望がある場合は次のような項目を検討する。

- プログラムの影響範囲
- 対応の優先度
- 対応の是非を判断するための確認・承認フロー など

　こうした変更要求をプロジェクト管理ツールに起票しておくことで、変更要求、要求に対する対応策、変更内容が記録として残り対応状況を管理できる。

**構成管理**

　ドキュメントやプログラムといった成果物の変更履歴を管理する。ドキュメントは変更履歴の記載方法をルール化しておく。プログラムはGitHub（https://github.com/）やBitbucket（https://bitbucket.org/）、Subversion（https://subversion.apache.org/）といったバージョン管理システムを利用することが多い。またプロジェクト管理ツールを連携させて使うこともできるのでぜひ試してみてほしい 図2 。

**リスク管理**

　<mark>プロジェクトで発生しそうなリスクをリストアップし対応策を決めておく。</mark>たとえば、システム障害が発生した場合を想定し、関係者への連絡方法やシステムの復旧手順、ビジネスに与える影響範囲を検討しておく。こうしたリスクと対応策を関連するメンバーで共有することで問題発生時に計画的に対処できる。

**品質管理**

　システムの品質を担保するためどういったチェックが必要か計画を立てる。ソフトウェアの機能的なテストに加え、業務上の要件を満たすために必要なテストの種類を決めておく。
　たとえば、システムの運用者（エンドユーザ）が問題なくオペレーションできるかをチェックする運用テスト、処理速度などを検証する「性能テスト」や「負荷テスト」、異常ケースを意識した「ファズテスト」、システムの仕様を知らない状態で操作し問題ないかを確認する「モンキーテスト」などがある。こうしたさまざま種類のテストの中から、プロジェクトにとって必要なテストを選択し計画を立てておく。そして計画通りにテストを実施することでプロジェクトに最適な品質を担保できる。

**環境整備管理**

　本番環境や開発環境などの環境をリストアップしておく。特にソフトウェア開発で利用する前提ソフトウェアや開発ツール、これらのバージョンやラインセンス情報は事前に共有しておく必要がある。

## プロジェクトを計画通りに進めるには

　ここで紹介した管理支援ツールは多くの開発現場で利用され、ソフトウェア開発のノウハウが蓄積されている。こうしたツールを導入することで、過去の成功事例を自然と取り込むことができ、管理漏れや作業ミスを減らす効果がある。
　ツールの使い方や管理項目のルールといった運用ルールを関連メンバーに共有することで、プロジェクトを計画通りに進めることができる。だが、プロジェクト管理の運用ルールは一度決めたら変更できないというわけではない。もし、<mark>メンバーの負担が増えスケジュールや品質に悪影響を及ぼすようでは本末転倒となるからだ。</mark>プロジェクトを進めていく中で適宜ルールを見直しバランスを取りながら進めていくとよいだろう。

**図2 Bitbucket**（https://bitbucket.org/）
Webサービスのバージョン管理ツール。プロジェクトが小規模であれば無償版を利用できる。有償版はデータ量やユーザ数によって価格帯が異なる

# CHAPTER 1 07 システム発注側の体制づくりや進め方

システム開発は、システム開発そのものが難しいために失敗してしまうケースが多く見られるが、それは導入サイド(発注側)の誤解や能力不足に起因する失敗例も少なくない。そこで発注側が何に留意する必要があるかを考えてみる。

解説：栄前田勝太郎(有限会社リズムタイプ)

## 発注側が行うべき作業を考える

プロジェクト失敗の原因として、発注側がベンダー側の実力不足を挙げることがよくある。しかし、その発注者はほかのベンダーとの別のプロジェクトでも同じように失敗していないだろうか。ほかのベンダーとの異なるプロジェクトでも同じように失敗を繰り返しているのであれば、発注側にも大きな問題があるのかもしれない。

失敗したシステムの開発プロジェクトについて「実際の業務を知らない」「要望を詰め込み過ぎる」「要件が曖昧である」といった発注側のプロジェクトチームの能力不足を指摘するものもある。

これらの指摘された原因をさらに追究すると、==システムの開発には発注側がしなければならない作業が多く存在することを、発注側が認識していない==ことに起因するように思える。

## 価値のないシステムをつくらない

各業務部門にとって価値のないシステム(利用するのにストレスを感じるようなシステム)が業務効率の向上に寄与しないことは当然であり、場合によってはトラブルを頻発させるなど業務効率を悪化させることもある。

業務部門は開発段階よりも実際に使い出してからのほうが、業務やシステムに対して積極的に要望や提案を出す。==しかしこの段階になってから、使いやすい便利なシステムに改造したり、新たな業務パターンに適合させたりしようとしても、費用がかかり過ぎてできない==。システム開発に縁遠い人には、プログラムの修正は簡単にできるように思いがちだが、そうではないことを認識してもらう必要がある。

## 企業のプロジェクト体制の在り方

上司や業務部門に対して価値のないシステムの弊害を述べるとともに、プロジェクトがそのようなシステムを生み出さないように、逆に仕事を加速するようなシステムとするために、できるだけ早い時期に精度の高い機能要求仕様を決定することが必要であることを説明する。

==発注側が実施すべき機能要求仕様の検討はシステム開発プロセスの最上流であり、ここが不安定であると開発などの下流工程に大きな悪影響を及ぼす==。そうならないようにするためには、上司(場合によっては経営トップ)に対してはプロジェクトには労力と時間が必要であることを理解してもらい、業務部門に対しては、プロジェクトへの協力は片手間ではなく相応のエネルギーと時間を要することを理解してもらうよう働きかける。

また、この段階から業務部門に対し、協力の重要性を言及しておくことでプロジェクト失敗のリスクを減らすことができる 図1 。

## プロジェクトに必須な業務プロセスの可視化

発注側のプロジェクトチームは、システムを使ってやるべきことを慎重に検討し、それをベンダーに的確に伝えることが求められる。そのために、業務プロセスのわかりやすいドキュメントを作成すること、つまり、==業務プロセスを可視化することが必要となる==。発注側のプロジェクトチームの仕事は、まずは業務プロ

セスを可視化するところから始まるとも言えるだろう。

## 業務を可視化して、関係者を巻き込む

数多くの分野で可視化の効用や利点が語られている。さまざまな可視化があるが、業務の可視化とは「どのようになっているのか」「何をしているのか」「何が起きているのか」といった、口頭や文章では説明しにくく伝えづらい業務の全体像や詳細、状態などを図表など視覚化されたイメージを使って、わかりやすく表現することだ。可視化によって、業務の実態が目に見えるようになれば、以下のようなことが可能となる。

- 関係者が情報を共有できる
- 多くの関係者によるさまざまな視点から問題を探り当てる
- 多くの関係者による多様な知恵や知識を集め、問題解決を図る
- 状況がわかるので精度の高い管理や制御を行える
- 異常時に正しい対応を取ることができる

これは、企業として望ましい業務プロセスを検討し、チェックするために必要な活動であり、「業務と密接に関係したシステム」を開発するプロジェクトにおいては「業務の可視化」は必須の作業と言える。

## 関係者の共通理解が必要

業務を知ること、それはプロジェクトチームの担当者が業務を調査し整理することから始まる。

ある問題を解決するにあたり、その業務を直接に担当している当事者のみで解決を図ることが最善だとは限らない。当該業務部門だけの力では解答が出せずにあきらめることになる場合もあれば、勝手に実施した対策のために、他所に悪影響が出現する場合もある。

関係者が一致協力してベストの業務プロセスを生み出すためには、業務プロセスを誰にでもわかりやすい形に表現したものを用意し、関係者の認識を擦り合わせる作業が必要となる。そもそも、検討作業に参加してもらう「関係者」を把握するためにも、各業務の関係がわかるドキュメントの存在が必要だろう 図2。

## ドキュメントの重要性

発注側がドキュメントを作成しない場合、ベンダー側の理解は精度と効率が低いものとなる。また発注側がドキュメントを作成していれば、自分たちで発見できたかもしれない不備が、ベンダーで分析するまで、あるいは分析したドキュメントを見るまで気づかないことにもなるだろう。それどころか、運用するまで不備に気づかない可能性も大いにあり得る。

ベンダーの作業に便乗するやり方は、一見、無駄なく合理的と見えるかもしれないが、このやり方は発注側の作業時間を少なく済ますことができたとしても、ベンダーの工数を増やすことになる。また、このようなシステムは結果的にたくさんの見えない無駄をかかえることになり、業務進行を阻害することになる場合もある。

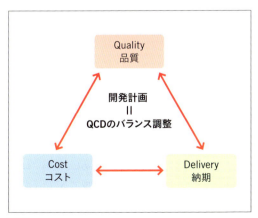

図1 発注における3つの指標

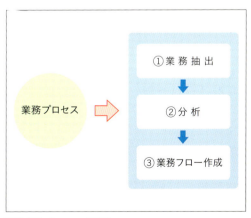

図2 業務プロセスの可視化

## ドキュメントがなければ
## 機能要求仕様を管理できない

　自社が行っている業務において、そこで扱われているモノやサービス、そしてそれらに関係する情報が、自社のどの部門・システムを通って顧客や取引先とやり取りされ、それぞれにどのような価値や意味があるのか、に関してすべてを知っているという人は、どんな会社でもごく少数だ。

　当然、ベンダーに機能要求仕様を説明したりする場合にも、システム化する業務プロセスのわかりやすいドキュメントは、大いに役に立つ。これは質の高い機能要求仕様書とすることができ、ベンダーへの説明に費やす時間を最小限にし、かつベンダーから的確で有益な情報を引き出すことができる。

## プロジェクトの問題を解決する業務フロー図

　プロジェクトには人的・時間的制約がある。その制約が深刻な場合、発注側で作成する最も優先度が高く、最低限必要なドキュメントは「業務プロセスフロー図」だ。ドキュメントを「自分たちでつくったほうがよい」と感じているならば、作成には確かに時間がかかるが、実際に業務プロセスフロー図をつくることで、ベンダーに要求仕様を高い精度で伝えることができる。業務プロセスフロー図にはシステムの開発作業におけるさまざまな問題を克服する潜在能力があり、貴重な時間を投入する価値がある 図3 。

　業務プロセスフロー図の詳細は、CHAPTER 2-06（→P052）を参照してほしい。

## スケジュール、コストをコントロールする

　構築しようとしているシステムの概要が決まったならば、スケジュールやコストのめどを立てる。
　ベンダーが開発に必要とする時間や本番環境での運用テストに必要な時間を予想し、ベンダーをいつぐらいまでに決めなくてはいけないか、機能要求仕様を

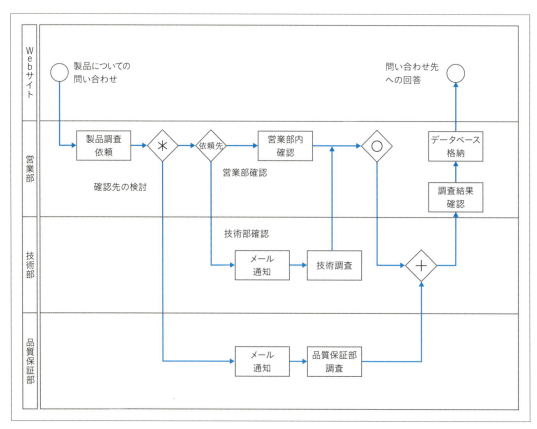

図3　業務プロセスフロー図の例

まとめるにはどれぐらいの時間が必要か、プロジェクトチームをいつごろまでに編成する必要があるかなどを検討する。

### リスクを想定する

スケジュールやコストを考える際にリスク（不確実性）を想定しておくことは不可欠だ。そのためにシステムの規模を小さく始めることは、プロジェクト成功の鉄則だ。

プロジェクトの進行中には何らかの不測事態が必ず発生する。どんな事態が発生するかを完全に想定することは不可能だが、何かが起こるということは必ず想定しておかなければならない。

そして、プロジェクトにベンダーが入ってくるフェーズになっても、ユーザー側のプロジェクトチームはスケジュール管理の手綱を放さないようにすることだ。

ある業務部門に関する機能要求仕様が決定してから次の業務部門の調査を開始する形で進めていくと、調査に予想以上の時間がかかった場合、初期に調査した業務部門の要求ばかり大きく、最後の業務部門の要求は時間切れでほとんど取り入れることができなくなる。

これはプロジェクト管理がされていないことにほかならない。「プロジェクト管理はベンダーがすること」と思い込んでいるとこうなってしまう。途中で気づいてもすでに手遅れになっているか、リカバリーするとしてもかなり無理をしなければならなくなってしまう。

ベンダーはプロジェクトの最上流である発注側の作業に対して、進捗遅れなどの警告を出す以上のことは行わない。発注側はベンダーの管理対象ではないからだ。

### 導入までの作業を把握する

スケジュールを立てるには、どのような作業があるのかをすべて知っておくことが前提となる。発注側の（リリースまでの）スケジュール表に載せる作業項目には図4のようなものがある。

このほかにも、関連設備やシステムの機能の変更や追加をともなう場合、それぞれの設備やシステムに関して、現状の調査、仕様の決定、各システムのベンダーとの見積もり交渉、変更や追加などの実作業・テストがスケジュールの項目として増える。また、仕様の変更があれば、当然、それにともなって見積り交渉などの作業が増えることになる。

- プロジェクトチーム編成
- 経営層、各業務部門、その関係部門、取引先など各関係者の機能要求仕様調査
- RFP作成、ベンダーへ送付
- ベンダーから提案書受領、評価・調査を経てベンダー決定
- プロジェクト（予算）承認申請、ベンダーと契約
- プロジェクト キックオフ
- 関係者ごとに　機能要求仕様の詳細決定
- 全体的な機能要求仕様決定
- 関係者やベンダーと機能要求仕様、画面、など決定
- ベンダーの仕様設計書を承認
- ベンダーにて開発、テスト
- プロジェクトチームや業務部門など関係者によるテスト
- 受け入れ判断
- リリース

図4 発注側の（リリースまでの）スケジュール表に載せる作業項目

## ベンダーに丸投げしない、依存しない

発注側がシステム開発に明るくなければ、「機能要求仕様の策定をベンダーに任せたい」と考えるかもしれないが、これは避けたほうがよいだろう。自社で作業することによって得られる貴重な知識や経験を放棄することになってしまうからだ。特に、よりよいやり方を考える習慣や技術を身に付ける機会を失うことにもなる。

ベンダーに丸投げは、発注側におけるシステム開発の失敗の原因として、数多くの事例に見られる。たとえプロジェクトチームの負荷を軽減できることになったとしても、ベンダー側の工数は増えるため、それによってスケジュールやコストがオーバーすることにもなるだろう 図5 。

## 発注者責任を認識する

発注側には「発注責任」がある。しかし実際には、この当たり前のことをわかっていない企業は数多い。その結果、システム開発プロジェクトが頓挫し、発注側とベンダーの双方が大きな打撃を受けるケースがあるわけだ。そこで、発注側がシステム開発をベンダーに発注する際に陥りがちな問題点を、発注のQCD（品質、料金、期日）の観点から考えてみる。

## 発注にもQCDが問われる

何をつくってほしいかをあきらかにする要件定義は本来、ベンダーのサポートを受けたとしても発注側の責任でまとめるべきことだ。しかも、その内容にはベンダーが開発工数を見積れるだけの詳細がほしい。

現在では、システム化の要件が以前よりも複雑化している。プロジェクトによっては、企業の経営戦略そのものであり、システムだけではないトータルな変革が課題であることもある。何が課題で何をしたいのかはベンダーからはわからないことで、発注側が考える必要があることだ。

## 概算見積りであることの認識

ベンダーへ支払う金額は要件定義、または外部設計が完了するまで確定することはできないが、それでは予算を確保できないため、発注側の多くは予算策定の時期に、ベンダーから概算の見積額を聞き、予算策定の参考にしようとすることがある。これは当たり前のことのようだが、参考のはずの金額がいつの間にか、開発予算の上限となってしまうことがある。

これについては、発注側で、参考見積りはあくまでも参考にすぎないということを明確にし、発注段階でも要件定義が確定しない限り、その金額は暫定であることをしっかりと理解・認識することが必要だ。それができない場合、社内調整やベンダーとの調整に時間を費やすことになってしまう。

## 開発着手の延期はトラブルにつながる

発注側の事情でプロジェクトの開発着手が延期になることがあるが、これについて問題の重要度を正しく認識できていない発注者は多い。プロジェクトのためのメンバーのアサインが無駄になり、人件費だけがコストとして積み上がることが理解できていないためだ。ベンダーは開発チームを維持することができず、いったんチームを解散することになる。

① 大まかな時系列
全体を俯瞰、マイルストーンの合意

② 成果物・タスク
「誰が」「何を」「いつまでに」を確認

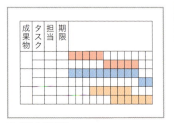

③ 細かな時系列
進捗管理、クリティカルパスの確認

図5 3種類のスケジュール管理

# CHAPTER 2

# 「与件」を整理する

システム開発を行ううえでの「与件」は、発注側が受注側（開発ベンダー）に予め提示する希望や条件のこと。後工程でベンダー側がシステムの機能を要件定義し、設計・実装していく際の土台となるものだ。本章では、主に発注側の立場で与件を効率的にまとめるポイントを解説していく。

# CHAPTER 2
## 01 システム発注側が自社内で行うヒアリング

「与件」を整理するには、システム発注側が自社内で関係者から必要な情報を引き出さなければならない。その際には、コミュニケーションの「質」が鍵となる。そこで、関係者との質の高いコミュニケーションを図るためのポイントを解説する。

解説：栄前田勝太郎（有限会社リズムタイプ）

### ヒアリング対象の区分とテーマ

与件（あらかじめ決められている条件）を整理するには、発注側のシステム担当者やWeb担当者が自社内で関係者から情報収集を行う必要がある。情報収集のためのコミュニケーションの手段は、ヒアリングやインタビューなど、対話が中心になる。ヒアリング対象は大きく、下記のように区分することができる。

- 経営陣、業務部門の管理職
- 実際にシステムを利用して業務を遂行するエンドユーザー

情報を収集するためのヒアリングは、対象によって、テーマ（収集する情報）の範囲が異なるため、このような区分を考慮する必要がある。ヒアリングは、その対象に応じたテーマで行わなければならない。テーマがズレると、必要な情報をきちんと収集できないばかりか、相手の時間を無駄にすることになってしまう。それは自身の信頼を落とすことにつながる。

### 対話の順番を考える

ヒアリングやインタビューでは、順番が重要だ。
会社組織では、「経営陣が会社全体の戦略を立てる」→「戦略に沿って各業務部門の管理職が部門としての取り組み方や方針を策定する」→「方針に基づいて現場のリーダーが具体的な手順や方法を決定する」という組織構造になってるため、ヒアリングも同様に、大きな枠組み（抽象的、戦略的な観点）から詳細、具体的なものへという方向で情報を聞き出す。

「経営陣→業務部門の管理職→実際にシステムを利用するエンドユーザー」の順番にヒアリングを行えるように、スケジュールを調整するとよいだろう 図1 。

### 事前の準備が鍵をにぎる

ヒアリングを行うにあたっては、事前の準備が重要だ。きちんとした事前準備ができているかどうかが、コミュニケーションの質を左右する。
事前準備が十分でないと、思いどおりにコミュニケーションを進めることができず、必要な情報を集めることができない。事前準備としては、次のようなものを考えるといいだろう。

#### 対話の目的、趣旨を明確にする

ヒアリングの目的や趣旨は、事前に明確にしておかなければならない。何のために、どのような趣旨でヒアリングするのかが明確であれば、的確な問いかけができる。相手も、何を、どのように話せばよいのか把握でき、的確に答えることができるだろう。

#### 対話の流れ、展開を決定しておく

どのようなテーマについて、どのような流れでヒアリングを進めていくのか、おおよその展開を決定しておく。骨組みが決まっていると、それに沿ってヒアリングを進めることができ、必要な情報を効率的に得ることができる。また、話題があちこちに飛んで、とりとめのない対話になってしまうのを防ぐこともできる。

## 質問すべき項目とその順番を決定しておく

情報を引き出すためにどのような質問をすればよいのか、質問項目をリストアップする。そのためには、与件整理にどのような情報が必要なのかをきちんと洗い出し、把握していなければならない。

- 質問の順番を考えてリストアップ
- 抽象的な漠然とした質問は避け、具体的な質問にする
- 相手が簡潔に答えられるような質問にする

一般的には、優先度の高い重要なものほど先に持ってくるようにし、==全体から細部へ、大枠から詳細へ、理念的・戦略的なものから具体的なものへ進める==。

実際のヒアリングでは、相手から簡単、簡潔な答えが返ってきたあとで、コミュニケーションを重ねて、その答えをより詳しく掘り下げる。

対話の目的や趣旨、対話の流れや展開、質問項目は、あらかじめ、ヒアリングシートなどの文書にして、相手に知らせておくといいだろう 図2。

| 段階 | 項目 | 内容 |
|---|---|---|
| 準備段階 | ヒアリング対象に協力体制を整えてもらう | ・経営層と現場におけるキーパーソンに協力を依頼しておく<br>・システム構築の目的や意義を改めて明確にしてもらい、経営トップから現場に周知してもらう<br>・いつまでに何を決めるのかを明確にして、各担当者のスケジュールを抑える |
| | ヒアリングを効率化する | ・わかる範囲で現行業務を分析し、ヒアリングすべき事項や現状の問題点を洗い出す<br>・基本的な質問事項を記載したヒアリングシートを事前に配布する |
| 実施段階 | ヒアリング対象の積極的な協力を得る | ・出席者全員が発言するように配慮して参加者意識を持たせる<br>・現状の問題を忌憚なく指摘してもらうために、ヒアリングは個別に行う |
| | コミュニケーションギャップを埋める | ・漏れを防ぐために、ヒアリングは1人で行わずに、進行役と書記役の2名以上で行う<br>・聞き取った内容をその場で確認しながら議論を進める<br>・画面のイメージやプロトタイプを作成して、実感を持って要求を出せるようにする |

**図1** ヒアリングを成功させるためのポイント

| No | 現在、解決すべき課題 | 現在、それができていない理由、想定される阻害要因 | システムを使った解決が可能であるもの | ヒアリング内容 |
|---|---|---|---|---|
| 1 | 例）社内の情報が共有、活用されていない | 例）各部署ごとにルールや利用しているツールがバラバラであるため | 例）利用するツールの共通化 | |
| 2 | | | | |
| 3 | | | | |

**図2** ヒアリングシートの例

## ヒアリング現場でのポイント

実際にコミュニケーションする段階では、次のような点に気をつけるといいだろう。

### まず全体像を説明する

ヒアリングを始めるにあたって、その目的や趣旨、大まかな流れ、質問項目を最初に相手に説明する。これらのことが相手の頭に入っているのといないのとでは、コミュニケーションの質が大きく変わってくる。

全体像の情報は、事前に文書で通知しておくが、多忙などの理由で相手が目を通していないことも考えられるので、改めて説明するようにする。

### 相手の領域で話をする

なるべく相手の領域の言葉を使って対話を進める。経営陣、業務部門の管理職、実際にシステムを利用するエンドユーザーではそれぞれ日常的に使われている言葉が異なるため、相手に適した言葉を選び、IT、コンピュータ、通信・ネットワークなどの専門用語を駆使するのは避けるようにする 図3 。

### 相手の話をしっかり聞く

コミュニケーションの基本は、相手の話をしっかりと聞くことだ。話し合いでも討論でもなく、相手から情報を引き出すため、特に聞くことが重要になる。

相手が、ひとまとまりの話題を話し終わるまで、質問や意見を差し挟まないで、しっかりと聞く。

相手がひとまとまりの話題を話し終えたら、その時点で内容を確認する。「私は、いまの話をこのようなものであると理解した」ということを、相手の話を要約して自分の言葉で伝える。こうすれば、相手は自分の話をきちんと聞いてもらっていると確認できる。また、要約の内容に誤りがあれば相手から訂正があるはずで、それにより正しい情報を手に入れることができるだろう。

内容確認の時点で、相手の話に対して感じた疑問点についての質問や、相手の話だけでは不足している情報を引き出すための質問をする 図4 。

### 対話をコントロールする

ヒアリング対象とのコミュニケーションでは、対話をコントロールすることが必要だ。

#### 1. 話の区切りをつける

ひとまとまりの話題を話し終えた相手が、さらに続けて次の話題に移ろうとするのであれば、次の話題に移る前にひと区切りつけるようにする。ひとまとまりの話題が終わったことを察知し、相手の話の腰を折らずに、自分のほうからひと区切りつけさせる。そして、そこまでの要約を伝えたり質問したりするといいだろう。

#### 2. 話がそれたら、軌道に戻す

相手の話が、質問の趣旨や対話のテーマなどからずれていきそうになったら、相手にストレスを感じさせないようにして、話の本筋に戻す。

| 対話相手 | テーマ |
|---|---|
| 経営陣 | **会社レベルのテーマ**<br>経営理念、経営戦略、経営上の課題、社内業務における課題・問題点、社内の組織構成、システム化の目的や目標、システム化に対する会社としての考え方など |
| 各部門の管理職 | **業務・部門レベルのテーマ**<br>各部門の社内における役割や位置づけ、ほかの業務部門との関連、業務計画、業務上の課題・問題点、部門の組織構成、業務管理など |
| システムを使うエンドユーザー | **具体的な業務遂行レベルのテーマ**<br>具体的な業務の種類・内容、業務遂行の手順、フロー、業務遂行上の課題・問題点、業務で扱う情報やデータの種類・量など |

図3 対話の相手が対象とするテーマ

### 3. テーマや質問の切り替えを行う

相手が、考えが整理できていないために話に詰まったり、知らなかったために質問に答えられなかったりした場合は、素早く別の質問に移り、別のテーマや話題に切り替える。この時も、相手にストレスを感じさせないように次の地点に誘導する。

このように対話をコントロールできるのは、事前にヒアリングの目的と趣旨、展開、質問項目、質問の順番を明確にしてあるからだ。これらに基づいてコントロールするといいだろう。事前準備が明確になっていないと、コントロールしようにもそのよりどころがなく、成り行き任せに進行するしかなくなってしまう。

## ヒアリングのフレームワーク

プロジェクトスタート前に、想定される問題をいかに見つけられるか、相手の気づいていない問題点を見つけられるか、というスキルはコミュニケーションが前提になる。相手が抱えている問題や要望を聞き出すことが求められるが、相手がいつも雄弁に語ってくれるわけではない。高度なコミュニケーション技術が求められるヒアリングだが、そのヒアリングを実践するためのフレームワークを紹介するので参考にしてほしい。

### SPIN = 話しを聞く技術

SPIN（スピン）は相手が潜在的に抱えている課題を顕在化させるフレームワークだ。状況質問（Situation）・問題質問（Problem）・示唆質問（Implication）・解決質問（Need payoff）を通して、相手が自らの状況を整理する機会を与え、解決の必要性に気づかせることができる。

- 状況質問（Situation）→相手の現状を理解する
- 問題質問（Problem）→相手の問題点を明確にし、気づかせる
- 示唆質問（Implication）→問題の重要性を認識させる
- 解決質問（Need payoff）→理想、価値をイメージさせる

### BANT = 見込みを計る技術

BANT（バント）はBudget（予算）、Authority（決裁権）、Needs（必要性）、Timeframe（導入時期）の4つを確認することで、見込みの有無を判断するフレームワークだ。この4つのうち、欠けているものがあればプロジェクトの成功は難しく、また何がボトルネックになっているかを可視化することもできる。

- 予算（Budget）→予算は確保できるか
- 決裁権（Authority）→決定権を持っているか
- 必要性（Needs）→必要性を感じているか
- 導入時期（Timeframe）→いつまでに対応し、導入する必要があるか

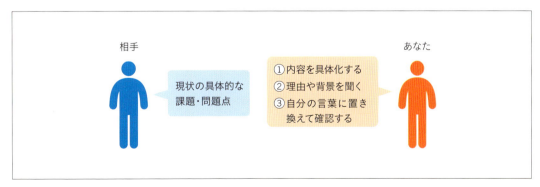

図4 相手が話す内容の理解を深めるポイント

# CHAPTER 2
## 02 プロジェクトチームをつくる

プロジェクトの概要が決まってきたら、プロジェクトチームの編成を行う。しかし、発注側がシステム開発の経験がない企業では、名ばかりのプロジェクトチームになってしまいがちだ。どのような点に留意すればよいかを考えてみる。

解説：栄前田勝太郎（有限会社リズムタイプ）

### プロジェクトチームを編成する

規模の大きなシステムの開発は、想像以上の作業ボリュームとなり、おおよそのスケジュールを立ててみると、一刻も無駄にできないことを実感できる。そこで、速やかにプロジェクトチームの編成を行い、本格的な作業に取りかからなければならない。

多くの場合、プロジェクトチームは発注側のシステム担当部署を中心に組織され、複数の関係部署と連携を取りながらプロジェクトを進めていくことになる。

どのようなプロジェクトチームが組織されるかによって、プロジェクトの成否は大きく左右されることになるだろう。

### プロジェクトチームは「チーム」であること

チームという言葉は改めて定義を確認する必要がないほど一般的な言葉となってきている。チームとグループは厳密に区別する必要はないが、グループは何か共通点がある人の集まりだ。個人の知識や技術は、周囲に影響を及ぼすことがあってもそれは限定的なものであり、大筋ではその人の役割の中でのみ活用される。異なる役割の人から構成されている場合においても同様だ。

グループに対して、チームは共通の目的を持つ人の集まりだ。個人の知識や技術はチームの中でお互いに助け合ったり刺激し合ったりして高められ、個々人が生み出される価値はチーム全体でさらに磨き上げられる。個人が強くなり、それによってチームが強くなるという循環もある。

期間やリソースなど制約のある条件下で結果を出すことが求められるプロジェクトチームは、グループではなく「チーム」であることが求められる 図1 。

### プロジェクトの種類

プロジェクトと呼ばれるものにもいろいろある。企業内の研究開発プロジェクトなどは「プロジェクト＝研究開発テーマ」として、既存組織の中での「人のアサイン」ととらえるほうがわかりやすい。

一方には、新規事業プロジェクトというような、既存の組織の「外」に発生する非定常な問題に対するプロジェクトがある。この場合、遂行に新たなプロジェクトチームが必要となる。そしてプロジェクトチームの中で、白紙の状態から必要なことすべてを考え実行していかなければならない。情報システム分野でいえ

| プロジェクトチーム | チーム | グループ |
| --- | --- | --- |
| チームメンバーが期限付きの目的を持つ | メンバーが共通の目的を持つ | メンバーに共通点がある |

図1 グループとチームとプロジェクトチームの関係

ば、初めてのシステム開発を開発方法論を持たずに行うようなものだ。この種のプロジェクトでは「白紙からの、初めての種類の問題」というところに難しさがあるが、その一方で既存のさまざまなしがらみとは比較的、距離を置くことができる。

## プロジェクトチームに付きまとう制約

実際のプロジェクトチームで多いのは、ベンダーと発注側の業務部門のやり取りを中継するタイプだと思われる。また、時間の都合などでプロジェクトの一部分が丸投げ状態になるケースはかなりあるだろう。これらのタイプの場合はプロジェクトの目的を達成する、成果を出すことは難しいだろう。

だが、なぜこのようなチームしか組織できないのだろうか。重要な原因として、プロジェクトチームに時間や人数の制約があること、さらには組織的なシステム開発のプロジェクトマネジメント・スキルの重要性の認識不足、そしてその能力の不足が挙げられる。

### 時間と人数の不足

発注側のプロジェクトチームがベンダーに作業を丸投げしたり、その役割がメッセンジャーでしかなかったりするのは、端的に言ってしまえば、時間や人数に制約があるということだ。ベンダーへの丸投げは発注側の時間と人数をプロジェクトに投入できないためであり、プロジェクトチームがメッセンジャーにしかならないのは時間と人数が不足していて、事前調査が不十分なままベンダーとの作業を始めざるを得なかった結果と考えられる。

「システム開発は、頻繁に発生することはない」と認識されている場合、そこに人や時間を投入することは経済的でないと判断されるだろう。システム開発に関するスキル向上を無理であるとか無駄なことだとあきらめていては、当然ながらスキルは身につかない。内部に人材を育てないので組織的な成長はなく、現状よりよくなることもない。

### プロジェクトマネジメント・スキルの不足

また、システム開発には、プロジェクトマネジメントのスキルも必要とされる。ここで必要なプロジェクトマネジメントの主要なスキルには、次のようなものがある。

- チームマネジメント
- 業務部門やベンダーとのコミュニケーション
- 会議やミーティングのコントロール
- コストやスケジュールのマネジメント

これらのスキルがなければ、貴重な時間を有効に使うことができない。

発注側となる企業では、システム担当部署か業務部門かにかかわらず、システム開発の体制や人材確保について問題を認識している人は多いようだが、経営トップがIT人材育成を課題としている企業は少ないのが実態のようだ。これは、ITがビジネスに対して及ぼすインパクトについて関心が低いことを示している 図2 。

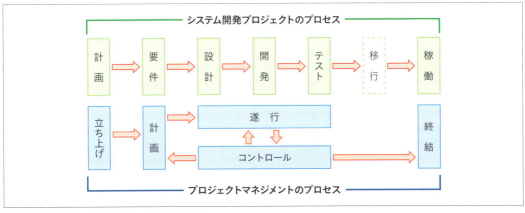

図2 システム開発におけるプロジェクトマネジメント

## 業務部門との関係を考える

発注元のプロジェクトチームは、システム担当部署のメンバーと業務部門出身のメンバーから構成されることが多いだろう。いくつかの業務部門からメンバーが選抜され、システム担当部署のメンバーと相互に理解、補完、影響し合って強いチームになることが理想だ。

業務部門からのメンバーだけではシステム開発の経験がなく留意すべきことがわからない、もしくは留意すべきことがあることすら認識していないため、どのような役割を果たせばよいかわからないという状況に陥る。

システム担当部署のメンバーと業務部門出身のメンバーが良質なコミュニケーションを築くことができなければ、危機的な状況に陥るだろう。

## プロジェクトチームとワークグループ

発注側のプロジェクト体制には、プロジェクトチームだけでなく、各部門代表者のワークグループを組織しておいたほうがよい場合もある。業務部門からは、プロジェクトチームに人を出してもらっているが、それ以外に、打ち合わせには、業務に詳しいエース級の人を出してもらう必要がある。その人たちを組織化し戦力になってもらう。

常に、業務部門をプロジェクトに巻き込んでおく必要がある。問題や要望などの意見や提案をいってもらい、業務プロセスなどに動きがあればプロジェクトチームに速やかに連絡してもらう。プロジェクトチームの成果物をチェックすることによりチームが暴走するのを予防することも重要な使命だ。

また、テストや本番へ移行する際には、現場の協力体制をつくり上げてもらうことも重要だ。

## 作業内容を伝える

業務部門に人を要請する際には、システム開発とはどのような作業であり、業務部門から加わってもらったメンバーにはどのような作業をしてもらうのかを書面や図解で用意しておくのがよいだろう。これは、業務部門に、システム開発にはプロジェクトチームと業務部門との協働が必要であることを認識してもらうためと、プロジェクトチームに加わる人を選ぶ際の判断材料としてもらうためである。同時に選ばれた本人に、これからしなければならない作業の概要を提示するためだ 図3。

## プロジェクトチームに求められるマインド

業務部門をプロジェクトから遠ざけるプロジェクトチームは、プロジェクトを失敗する可能性が高い。完成したシステムが「使えないシステム」となっている可能性があるからだ。

ひとつの業務部門を見ても、いろいろな役割があ

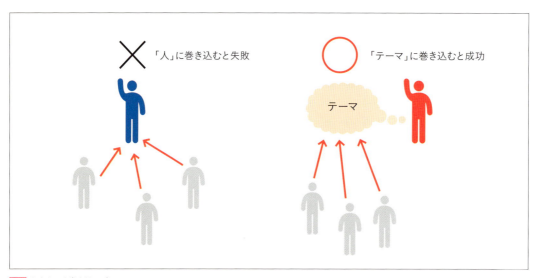

図3 うまくいく巻き込み方

る。そうした人々がそれぞれ要望する機能の中には、相容れないものもある。そのメンバーが考える改善すべき問題点とは、その立場での見方であって、別の立場から見ると十分に合理的で改善する必要がない場合もある。そこに気づかず、一方的に問題視して業務プロセスを変更し、システム化してしまうと、後から「使えないシステム」と評価されることになってしまう。

### 要求を現場で見つける努力

これを防ぐために、業務部門をプロジェクトに巻き込み続け、要所要所で合意を取りながらプロジェクトを進めることが求められ、さらに業務部門の隠れた問題や意見を探り出す努力が必要となる。

プロジェクトの機能要求仕様を検討する会議には、各業務部門の代表者に出席してもらったとしても、会議で出てくることがすべてではない。会議やインタビューでは、聞くべき項目にもその回答にも必ず漏れがあり、それはオンラインでのやり取りでも同様だ。

そこでプロジェクトチームのメンバーは、現場で意見を聞き出す、または個別にヒアリングを行うなどコミュニケーションの場を設けるようにする。時間はかかるが、そうやって得られる情報にこそ価値があることもある。

さらに、業務部門の人々に質の高い機能要求仕様の作成の重要性をきちんと理解してもらうことも大切だ。

### 情報共有の重要性を説く

情報を共有するということは、メンバーが何をしているのかがほかのメンバーにもわかるようにし、またメンバーが作業を囲い込んでしまうことを防ぐ。

本来は少なくともリーダーが注意して、各メンバーの作業内容を管理できればいいのだが、リーダーにも自身の作業なり都合なりがあって、時間がなかなか取れない。時間ができたとしてもメンバーと時間が合わず、満足に話し合えるというわけにはいかないだろう。

このような状況では、機能要求仕様に全体的な不整合や矛盾が発生する。複数の業務部門が関係し合う業務プロセスには、ただでさえ重複・衝突・矛盾することが多いのに、調査や検討を担当するメンバーが業務部門ごとに違い、お互いの業務プロセスがわからなければ、不備が生じることは当然のことだ 図4 。

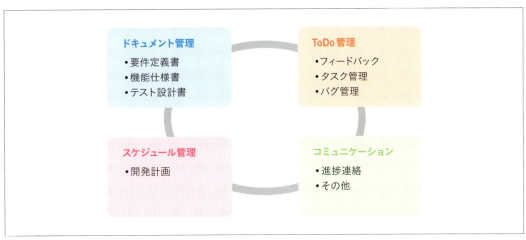

図4 部門をまたぐ情報共有の項目

# CHAPTER 2
## 03 プロジェクトチームの役割

発注側のプロジェクトチームが有効に機能するためにも、プロジェクトチームにはシステム担当者だけではなく、業務部門の人材を組み入れてつくられるべきだろう。しかし、そうした体制を構築するためには数々の障壁がある。

解説：栄前田勝太郎（有限会社リズムタイプ）

### ■ プロジェクト担当者の役割と心得

プロジェクトを成功に導くためには、システム開発の特性と、実際にその作業に携わる人たちの立場を考えた上での課題の探求と対策の実施が必要になる。発注側のシステム担当者は、エンドユーザーに対してはベンダー同様の立場にあり、ベンダーに対しては発注側の立場となる。ベンダーやエンドユーザーに対して憤りを感じることもあると思うが、逆の立場に立っているとき、自分もその相手とまったく同じなのかもしれない。たとえば、「ベンダーの対応が遅い」と思っているときは、エンドユーザーからも、そう評価されているかもしれない。システム担当者は、エンドユーザーの視点を持つこともできるし、ベンダーの視点を持つこともできる。

### 社内の協力、参加意識

プロジェクトでは、いろいろなことを決めなければならない。関係者を集めた会議を何回も開いて課題をひとつ一つ決定しコンセンサスを得ていくが、その際、各部門ごとに、あらかじめ部門内で取りまとめた案を提出してくれれば、その分会議を減らすことができ、プロジェクトはずっと早く進行する。

各部門が同時並行で作業すれば、なお効果的だ。要求の精度も最初から高いので後戻りが少なく、プロジェクトの成功率も高くなる。部門内でもプロジェクトに参加している意識を持つことにつながるだろう。

### 業務部門が機能要求仕様の検討をしなくなる理由

業務部門の目的達成は業務部門の責任であり、その責任を果たすためには、システムに対する機能要求の検討を、プロジェクトチームではなく、業務部門において実施することが、プロジェクト成功への近道となることがわかる。

業務部門では、システム開発によって何ができるの

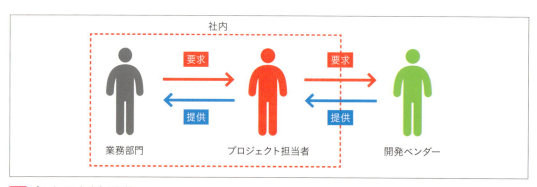

**図1** プロジェクト担当者の役割

か、どの程度のことができるのかがわからないために適切な要求が決められないという場合もある。業務部門が時間とエネルギーをかけて要求をまとめても、いざ要望してみるとシステム実装するのは困難だ、費用がかかり過ぎるなどの理由で拒否されることがある。すると、業務部門は無駄骨を折ったと感じ、「最初からシステム開発に詳しいプロジェクトチームが中心となって機能要求仕様を検討するほうが効率的だ」という考えになってしまうのだ。

## プロジェクトチームの調整により決定事項が変わる

システム開発を知っているからといって、業務を知らずに機能要求を検討することはできない。業務に精通しているとは言えないプロジェクトチームが中心となって作成した機能要求仕様では、たとえば業務部門のテストや本稼動で不備が発覚し、仕様の作成からやり直さなければならなくなるなど、作業の後戻りが発生する恐れがある。効率的どころか、むしろ、無駄な作業が内在しているとさえ言える。極端な話、現場を知らずに理屈だけでつくったシステムは使いものにならない。

システムを開発するベンダーが決まっていれば、発注側のプロジェクトチームはそのベンダーの知識を利用することができる。プロジェクトチームとしては、ベンダーや業務部門と密な関係を保ち、両者を橋渡しして、すばやく有用な情報を業務部門に提供することが大切だ 図1。

## プロジェクトチームの現実

システム開発の際に、業務部門が自身の目的を達成するために、自ら機能要求をまとめることが本来のプロセスではあるが、現実にはトップダウンによる指示や意識改革がないことには、プロジェクトチームが業務部門の機能要求の取りまとめをしなければならない。これについては、プロジェクトチームでは解決し難い問題であるため、上層部や業務部門に対して「業務部門のことは業務部門で検討することが本来の姿だ」と要請する。だが、また一方では現実的な対策としてプロジェクトチームが中心となって機能要求をまとめる準備をすることも必要だ。

もちろん、業務部門が自ら機能要求仕様を検討する場合においても、プロジェクトチームは、部門間の相反する要求を調整しなければならず、機能要求をまとめる作業は発生する 図2。

## 構築するシステムの概要をつくる

システム構築の初期段階におけるシステムの概要設計について考える際に、これから構築するシステムに直感的なイメージがあるだろうか。社内で要件をヒアリングし、取りまとめていくにあたって、プロジェクトチーム内でシステムの概要を検討して作成しておくことは、その後の段階における指針となる重要な作業でもあるため、実施することを推奨する。

### システム概要を検討する

まず、開発するシステムの概要を構想する。課題に関係する部署に出向いて、現在の状況や、問題点と考えていること、要望などをひと通り簡単にヒアリングする。その結果を整理し、どのような業務フロー、システムであればよいのかを考える。

また、その部署に関係を持つほかの部署や取引関係などについても聞いておく。これは、関係者の漏れを防ぐためだけではなく、それぞれの業務を別の角度から見ることによって、業務に関する知識を広げる効果があるからだ。

既存システムの更新プロジェクトであれば、上記以外に、システムのドキュメントに目を通したり、未処理のシステム改善要求や過去のトラブル履歴を調べたりする作業がある（次ページ 図3）。

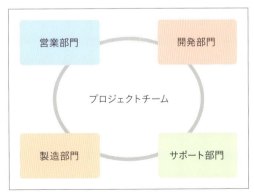

図2 プロジェクトチームの役割

### 投資効果、リスクの面から見る

システムの開発には、多くのお金や時間、労力が必要だ。その投資に対して効果を考えることは当然のことで、効果が見合わない機能はシステム化せずに、投資を抑えることも必要なことだ。開発期間もその分短くて済む。また、その企業あるいは事業所全体で考えた場合、そのシステム開発以外にも投資を必要としている案件があるかもしれない。システム化予算を圧縮した分をそちらに回したほうが効果的ではないか、ということも考えるべきだ。

一部の人々がシステム化を批判的な目で見る理由には、システムの開発にはリスクが多いということを知っており、リスクコントロールをしているということもある。簡単にいえば、機能要求仕様のボリュームは必ず膨れ上がるものであり、絞り込んだ状態で検討を始めてちょうどいい具合になる、という考えがあるということだ。リスクをもたらす可能性のあるものを除外したり、あらかじめ、リスクを受け入れる余地を用意したりしている。

### 仕様はさまざまな意見に影響される

システム開発の特徴のひとつに、機能要求仕様が関係者の声に大きく影響されるということがある。プロジェクトリーダーが承諾していないのに気づかないうちに関係者の声が機能要求の中にどんどん入り込んでくる。

そうならないように、システムに対する機能要求が適当なレベルに収まっているか監視することが重要であり、正常な状態を維持する活動を行わなければならない。最初に想定したシステムは直感的で、混ざりものがなく、シンプルなものであるはずだ。これを指標としてチェックを繰り返せば、無理・無駄を早期に発見することができる。

さらに、コミュニケーション不足によりプロジェクトチーム内でのシステムイメージの共有が徹底されていないときは、チームマネジメントに問題があるのかもしれないため、対応策を考えなければならない。

以上のようにチェックできていれば、プロジェクトを健全な状態に保つことができる。

そもそも管理とは、健全な状態を維持するための活動であり、そのためには健全な状態をイメージしておく必要がある。

### 重要なエンドユーザーの使い勝手

実際に利用するエンドユーザーにとって使いやすいシステムであることは重要だ。業務プロセスの検討に集中し過ぎてしまい、実務担当者の使い勝手が疎かになってしまうことがある。また、機能要求仕様の肥大を防ぐために、現場の使い勝手などは「しばらく使っていれば慣れる」などの理由で考慮に入れないことがある。しかし、これはつくり手側の勝手な理屈だ。

確かに、個々の業務部門から相反する要求があったり、コストの制約があったりして要求を100%満足させることはできない。しかし、システムの使い勝手を慣れてしまうものなどと安易に考えてほしくはない。

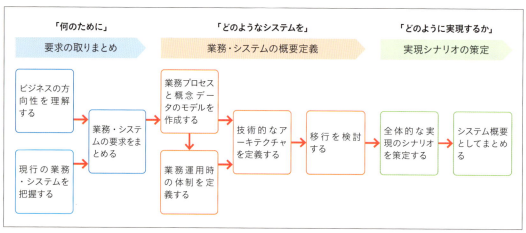

**図3　システム概要を検討する**

現に、各業務部門も効率化を求められており、「システムが使いにくく、操作に手間がかかるようになったので以前よりも時間がかかるようになった」では困る。この延長線上に、使われない価値のないシステムになるという最悪のケースが存在する 図4 。

## プロジェクトチームがマネジメントする項目

プロジェクトチームは、企業が抱える特定の課題を解決するための新たな取り組みを立案し、実際に推進させていく。そのためには、プロジェクトを実際に実行する人間がメンバーに加わっている必要がある。その上で、==プロジェクトチームの運営そのものをひとつのプロジェクトとして捉え、しっかりとマネジメントする==ことが重要だ。

多くのプロジェクトチームが成果を達成できない理由のひとつとして、プロジェクトチームが組織の中で独立しているため、適正なマネジメントが実行されないことが挙げられる。そうならないように、プロジェクトチームが以下のような側面に関してチームを適切にマネジメントしていくことで、プロジェクトを成功に導くことができる。

### テーマ・マネジメント

チームの目的・目標に関するマネジメント。多くのプロジェクトチームが停滞を起こす最大の原因は、そもそもチームのテーマを具体的かつ明確に規定せず、チームとしての統一された活動が行われないためだ。

### プロセス・マネジメント

予算、達成までの期限、達成度を測るための指標の設定と評価など、定量的評価基準に関する管理。企業活動において、これらが規定されていないものが成果を生み出していくことはなく、プロジェクトチームにおいても求められるポイントだ。

### タスク・マネジメント

実際の作業内容に関する管理。テーマとプロセスを達成するためには、どのような作業が存在し、誰がいつまでに何を行うのかがチームとして検討され、責任を持って遂行される必要がある。

### コミュニケーション・マネジメント

チームのメンバー間での連絡や報告、社内の各部門に対しての経過報告や要請事項の伝達、経営トップに対するチームの推進状況の報告や必要とされる承認・確約などが、タスクの進行に連動して行われる必要がある。プロジェクトが迷走するひとつのパターンとして、経営トップの承認・確約をしっかりと取り付けていないため、プロジェクトがある程度進行した段階でトップの一声で方針が変更され、時間と人的リソースを浪費してしまうということがある。

---

**実効的(十分)な使いやすさ**
- 業務の特性に即した効果のある使いやすさの実現
- システム全体の業務効率の向上
- 省力効果、利益効果

**本質的(必要)な使いやすさ**
- 人間の特性に対応する基本的な使いやすさの実現
- 部分的な業務効率の確保
- わかりやすさ、扱いやすさの獲得

図4 使いやすいシステム

# CHAPTER 2
## 04 システム発注側の要件の取りまとめ

自社のシステム開発において、ユーザーから曖昧な要求しか出てこなかったり、要求があとから二転三転するケースは少なくなく、標準的な方法論がない企業や組織もある。発注側はどのように社内で要件を取りまとめていけばよいのかを考えてみる。

解説：栄前田勝太郎（有限会社リズムタイプ）

### 要件定義までの準備

「プロジェクトのスタートとともに、要件定義に着手している」という現場は少なくないはずだ。特に最近は開発期間が短縮傾向にあるため、設計や開発の期間を確保するため、早めに要件定義に着手したいと考える気持ちはわからなくもない。しかし、見切り発車で要件定義を始めると泥沼に陥る可能性が高い。

たとえば、プロジェクト開始後、何となく要件定義が始まり、打ち合わせを重ねる。検討範囲が明確でないため仕様を決められず、役割分担も明確にできない。途中で進捗が思わしくないことに気づき、スケジュールの都合から課題を後工程に先送りする。期日までに何とか要件定義書をつくり上げる。これが要件定義となり得るだろうか。

要件定義を成功させたいのであれば、実際の作業を開始する前に、綿密な計画を立てるべきだ。以下、それぞれについて解説していく 図1 。

### 精度の高いインプットを行うこと

システム開発の目的は様々だが、何もないところにゼロから開発することは少ないのではないだろうか。大半のプロジェクトでは、すでに何かしらのシステムが稼働しており、それを利用した業務フローがある。そこにある何らかの課題をシステム刷新によって解決したいというケースの方が多いだろう。

現状を正しく理解しなければ、プロジェクトの目標達成はおぼつかない。要件定義を始めるにあたって最も重要なインプットとなるのが「既存の業務フロー」と（既存システムが存在する場合は）「既存システムの設計書」だ。この2つのドキュメントから過去の経緯を理解することになるため、この先の要件定義がスムーズにいくかどうかの鍵を握る重要な存在だ。

だが、これらのドキュメントが当てにならないケースは珍しくない。業務フローにしても設計書にしても、システム開発時に担当者が作成したきりでメンテナン

| Why | 目的軸で分ける | プロジェクトの目的、ゴールは何か？ |
| When | 時間軸で分ける | どのくらい時間がかかるか？ |
| Where | 空間軸で分ける | 場所や大きさ、配置は？ |
| Who | 人間軸で分ける | プロジェクトメンバーのアサインは？ |
| What | 機能軸で分ける | どのような機能を提供するのか？ |
| How | 手段軸で分ける | どのような手段を用いるのか？ |
| How Much | 経済軸で分ける | どれくらいのコストがかかるのか？ |

図1 要件定義は5W2Hの意識で考える

スされていないようなケースは頻繁に目にする。最初から情報が不足しているドキュメントもあるだろう。

要件定義の見通しを立てるためにも、これらのドキュメントには事前に必ず目を通したい。記載されている情報が実態と合っているか、関係者にヒアリングして確認する。差異がある場合は、関係者にアップデートを依頼する。「更新の時間が取れない」「どう整理すればよいかわからない」と言われた場合は、業務とシステムの現状を説明してもらう。とにかく、業務とシステムの実態を整理する場を設けなければならない。

## 成果物のイメージを合わせること

要件定義の成果物は、「要件定義書」である。しかし、その体裁には共通の定義がなく、作成者によってまちまちだ。

要件定義で作成する資料も同様で、たとえば、画面の仕様を伝えるドキュメントについて、「設計図で十分」と考える人もいれば、「モックアップが必要だ」という人もいるだろう。仮にモックアップを作成するとして、「ワイヤーフレームでよいのか」「実際に動くものが必要なのか」も人によって異なるはずだ。

共通で認識できるイメージがないのであれば、自らが定義するしかない。要件定義で決めるべきは、設計工程で必要となる項目である。つまり、システム化の仕様だ。それに加えて、仕様で定めた機能の複雑性も明確化する必要がある。要件定義で設計フェーズ以降の作業規模を見積もるからだ。

要件定義と基本設計での成果物を定義し、どのタイミングで何をつくるかをあきらかにする。基本設計の成果物まで記載するのは、ドキュメントの網羅性を示しつつ、要件定義で作成するものを明確にするためだ 図2 。

| | 内容 | 成果物例 |
|---|---|---|
| 要件定義 | 現状の業務を整理し、それをベースに将来の業務をシナリオ化し、業務の流れをあきらかにする。システム化する箇所の画面機能のイメージを作成する。他システムとのデータ連携があれば、そのやり取りをあきらかにする。非機能や運用に関する事項もまとめる | ・現状のシステム仕様書<br>・想定する業務一覧とシナリオ<br>・業務フロー<br>・ユースケース<br>・システム機能一覧<br>・画面遷移、モックアップ<br>・課題一覧 |
| 外部設計 | 画面に配置する情報を確定し、システムで利用する情報のすべてを論理ER図で表現する。各機能の動作と処理シーケンスを作成する。他システムとの連携、ロールや権限での制約、扱えるデータの範囲や制限事項をまとめる。インフラや運用に関する取り決めを整理する | ・画面仕様書<br>・機能仕様書<br>・処理シーケンス<br>・論理ER図<br>・権限マトリックス<br>・メッセージ一覧<br>・他システム連携仕様<br>・システム構成図<br>・ソフトウェア |

図2 要件定義と基本設計の成果物の例

### 役割分担を決めるときは遠慮しないこと

プロジェクトの役割分担はしばしば曖昧になりがちだ。発注側と受注側の関係では、それが顕著だ。担当者が明確に決まっていない作業を開発側が引き取ることもある。プロジェクトによっては既存業務の整理や、業務のあるべき将来像の策定、どのレベルで機能を実現するかの判断など、発注側でなければこなせないタスクを受注側に任せていることもある。

役割分担を決める際、遠慮は禁物だ。本来担当すべき人物に作業を割り振る。もし、やむを得ず開発側（受注側）で引き取る場合は、スケジュールへの影響を必ず考慮することが必要だ。

過度のベンダー依存は発注側のリスクにもなる。情報システム部門や業務部門は使い勝手のよい受注側の開発者を重宝するが、不測の事態に備えて、発注側は情報を整理し、発注側がこなすべき作業を意識して、考えるスキルを身につけるよう、実践すべきである。

## 要件定義のゴールは要求の解決策を決めること

図3 の表は、システム開発における「要望」「要求」「要件」を定義したものだ。似通った言葉だが、内容は異なる。要件定義は「要求をあきらかにする作業」と意識している人は多い。しかし、それは間違いだ。要求をあきらかにするのは当たり前で、その先の解決策を考えるのが要件定義だ。

実際には、各部門からの要求を確認するだけで終わっている要件定義が多い。「成果物が、補足説明のない業務フローと、名称を列挙しただけの機能一覧だけ」というケースもある。またあるプロジェクトでは、要望をまとめただけで、具体的な解決策を設計工程で考えることになったといった場合もある。しかし、本来はそうではなく、繰り返し述べるが「要件定義」は「要求の解決策を考えること」である。

### 各部門の要求を引き出す

要求をしっかりと把握するには、各部門の中に眠っている要求を掘り起こす必要がある。「業務のどの範囲をシステム化の対象とするか」「どのような機能をつくるか」「それが本来の目論みを満足させられるのか」「過剰にシステム化をしていないか」といった観点を確認する。

ポイントは、いかに効率的に各部門から必要な情報を引き出すかである。たとえば、請求書をシステムから発行する取り組みがあったとする。開発側では、いろいろと確認したい事項が出てくるはずだ。しかし、これらすべてについて逐一問い合わせて、話を整理すると相当時間がかかる。すべてが必要な情報とも限らない。ただでさえ短い要件定義の時間を浪費するのは避けたいところだ。

また、要求の整理も難しい。各部門の実業務のすべてを把握しているわけではない。「ほしい」と言われると、その通りに受け取ってしまいがちだ。一見、必要なさそうに見える機能でも、業務を知らないため各部門へ論理的に反論することは難しいことがある。

### 要件定義を終えるタイミング

「要求は変化するため厳密に定義しても仕方がな

|  | 説明 | 具体例 |
|---|---|---|
| 要望 | 本当にやりたいかどうかわからない漠然としている。クライアント視点での希望、理想。効果は不明 | 毎週、HTMLを手動で更新している。手間なので、ある程度システム化したい |
| 要求 | やりたいことは明確だが、細部は決まっていない。構造的に文書化されている | システム化したい情報は、ニュースや更新情報である |
| 要件 | やりたいことをどう表現するかを示している。できないことも示している | CMSを導入して、管理画面から入力した情報が設定された日時に公開される |

図3 要望・要求・要件の定義

い。進めながら詳細を詰めていくのが効率的である」という考えを持つ人もいる。確かに、機能一覧や機能構成といった文章をベースにシステムの具体的なイメージを持ってもらうことは難しい。しかし、機能仕様が曖昧なまま後工程に突入するのは危険過ぎる。やはり、仕様を明確化するための努力はするべきだろう。各部門と話す時間をつくり、業務面の悩みや手間を開発側が理解し、具体的な解決策を提案できるようにしてほしい。

なお要件定義では、「できないこと」もあきらかにする。特に、既存システムのリプレースの場合、ユーザー部門は今ある機能は当然のごとく踏襲されると考えがちだ。打ち合わせで話題に上らなかった機能は、そのまま実現されると考えてしまう。既存システムの機能を削減する場合は必ず明示すること。たとえば、システムの全機能について新旧の対応を表にまとめるのも有効だ。

要件定義を終えるタイミングは、要求に対する解決策が明示されており、設計できるレベルまで文書化できていること。これさえできていれば設計工程をスムーズにこなせる。設計や実装、テストなどの工数も見積もれるはずだ。

## ビジネス要件とシステム要件

企業がシステム構築プロジェクトに投資をする目的は、ビジネス目標を達成することにある。したがってビジネス要件を見ずに、システム要件ありきで開始したプロジェクトは、たとえ計画通りにシステムが完成したとしても、本来達成すべき目標を達成できないリスクが高い。

以前は、人手の作業をシステム化することにより生産性や品質が向上し、ビジネス上のメリットが得られたので、システム要件を気にしているだけでもよかった。しかし、ひと通りのシステム化が進んだ現在では、単なるシステム導入ではビジネス上の大きなメリットを得られにくくなってきている。そのため、まずビジネス面の目的や目標をビジネス要件として明確化し、続いてそれをシステムの要件に落とし込むことが重要になっている。

## システム要件はビジネス要件と関連づける

システム要件を定義する際に重要なのは、ビジネス要件との関連を明確にすることだ。それにより、後でビジネスプロセスなどに変更が生じた場合でも、影響を受けるシステム要件が特定可能になる。

システム要件定義では、次のような作業を行う。

①ビジネス目標を達成するために、ユーザーがシステムを使用して行う仕事を明確にする。
②ユーザーの視点で、システムは何を行う必要があるかを定義する（例：商品を発注する）。
③要件レビューでは、システム要件によってビジネス要件が満たされるかを検証する 図4 。

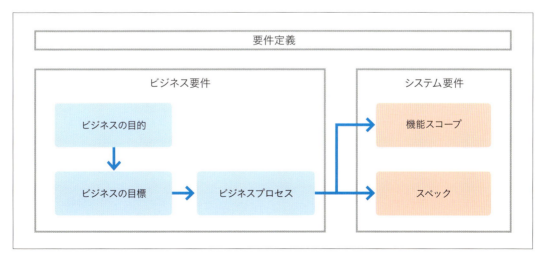

**図4** ビジネス要件とシステム要件

# CHAPTER 2 05 課題発見と解決のプロセス

多くのシステムは、何らかの問題を解決するためにつくられる。その場合、システムに求められる第一の点は、問題が解決できる機能である。つまり、システムの概略仕様を決定するまでは、問題解決として検討する方法が適している。

解説：栄前田勝太郎（有限会社リズムタイプ）

## 混在する事象から「課題」を見つける

プロジェクトにおいては、「課題」「リスク」「タスク」が混在して管理されている。解決すべき課題を的確に把握しないと、不要な作業や心配事ばかりが増え、目的を達成することが難しくなってしまう。

課題は「すでに起きている（顕在化している）」こと、かつ、目的達成のために「解決しなければならない事象」のことであり、課題管理の第一歩は、さまざまな事象の中から「課題」だけを発見することだ。

## 課題を見える化する

関係者全員が抱える課題をあきらかにする、すなわち、「見える化」することで、課題を共有し、課題の見落としがないかを確認することができる。**課題を共有するための「見える化」は欠かせないプロセス**だ。課題を口頭で共有するだけでは、後から言った・言わないのいさかいが起こる可能性があるためだ。

「見える化」のための具体的なツールとしては、課題管理表だが、リアルタイムに共有することが可能なオンラインのサービスを利用して、管理・共有することを推奨する 図1 。

## 課題の量を把握する

課題を「見える化」すると、見落としをなくすことにつながると同時に、現在どれくらいのボリュームの課題があるのか、課題の総量を明確にすることに役立つ。課題の量が目に見えるようになると、すべて解決するまでにどれくらいかかるのか、つまり、目的までの道のりがあとどれくらいあるのかを、実感をともなってつかむことができるのではないだろうか。

解決にかかる時間や労力、仕事の場合は工数を算出するためにも、課題を「見える化」して課題の全貌を把握することは、とても重要なプロセスだと言える。

図1 課題の可視化と改善ポイント

### 課題の合意の必要性

プロジェクトにおける課題管理において、課題内容の認識合わせ、優先順位の合意というプロセスは欠かせない。

チームで仕事をこなす現場では、どのようなことが課題なのか、どの課題の優先順位が高いのか、全員が同じ認識を持っていないと、解決の方向がバラバラになりチームとしてまとまって仕事をすることが困難になってしまうためだ。

そもそも、何のための解決策なのかわからずに取り組むのと、しっかり理解してから取り組むのとでは、質も効率も違ってくる。

課題の合意は、課題に取り組む全員が同じゴールに向かって進むため、欠かせないプロセスだと言えるだろう。

### 「問題とは何か」を理解し、適切な発見方法を確立する

問題とは、すなわち「理想と現実との差異」である。この差異を認識して初めて問題を可視化できる。理想とは「あるべき姿」のことである。従って「あるべき姿」に無関心であれば、問題を感じることはない。

問題を解決しようとする場合には、現状を把握した上で望まれる姿を的確に描き、その間にある差異を正しく認識することが求められる。現状を把握しないままだったり、望まれる姿を正しく描けない中で解決に取り組んだりした場合、問題を拡げてしまったり、新たな問題を生み出してしまうことが起こり得るからだ。本来は問題ではないものを、問題と認識してしまうこともある 図2 。

### 利害関係者の明確化

問題を認識し、解決策を検討する際に利害関係者を明確化することは、当然のことだが、十分に留意しなければならないポイントであるため、ここで少し触れておく。

問題の感じ方は組織や役割、経験、性格によって人それぞれである。関係者が10人いれば、感じ方の差の大きい小さいはあるものの、10通りの感じ方があると考えるべきだ。利害関係者の洗い出しが不十分なまま考えた解決策は、ある者にとっては好都合だが、別の者には新たな問題になる恐れがある。これでは解決策とは言えない。

問題の整理と解決策を検討する中で、新たな利害関係者が現れるケースもある。問題が問題を生むという事態を避けるには、まず利害関係者を洗い出し、関係者ごとに問題に対する認識と解決策を整理することが必要だ。

### 問題を置き換える

利害関係者の明確化とも関係するが、ほかの人(部署)の問題を、自分(自部署)の問題に置き換えて考えてみることも重要である。個人や一部署に留まる問題は少なく、形を変えてほかの部署に波及していることが多いからだ。問題を認識した場合には、他者の問題は自分の問題に置き換え、自分の問題は他者の問題に置き換える。それによって問題の本質を浮かび上がらせることができるはずだ。

### 客観的に捉える

問題を正確に把握するためには、関係するデータの収集と問題の可視化、および事実と推測を明確に区別することが重要なポイントとなる。つまり客観的に問題の実態をとらえることだ。

問題の解決にあたっては、定義の悪い問題を定義のよい問題に置き換える必要がある。問題を正しく見える形に可視化することが肝要だ。

「納期が遅れる」、「失注が増えている」。これらの事実は事実として、具体的に納期が何日遅れているの

| 現象 | 見えている現象(顕在化) <br> ・売上が落ちた <br> ・利益がでない <br> ・製品に不具合が多い <br> ・離職率が高い など |
|---|---|
| 問題 | 潜んでいる問題(潜在的) <br> ・製品に競争力がない <br> ・プロモーション不足 <br> ・固定比率が高い <br> ・品質基準が不明確 <br> ・人事評価精度が不透明 など |

図2 現象と問題

か、案件数に対する失注の割合はどの程度か、といったデータを極力多く、具体的な数値で把握することが重要である。

問題の整理・検討にあたっては、推測を織り交ぜがちである。推測があたかも事実であるかのように思い込むケースもある。問題解決に際して推測が有効に働く場合もあるが、推測と事実は異なる両者を混同しないよう明確に区分しておくことが重要だ。

## 課題解決のプロセス

「洗い出した課題をどう解決すればよいか」。プロジェクトの目的を期限内に達成するためには避けて通ることのできない大きなテーマだ。

課題を解決する精度と確実性を上げるためのプロセスは以下の5つだ。

- 課題の選択
- 解決策の洗い出し
- 評価軸の定義
- 評価軸による採点
- 解決策の選択

この基本のプロセスを理解しておくことで、たとえ課題解決がうまくいかなかったとしても、前のプロセスに立ち戻り、課題が解消しなかった原因を探ることができる。

### 課題の選択

プロジェクトの目的を期限内に達成するためにはまず、「あるべき姿」と「現状」の差から問題を導き出し、そこから課題を洗い出す。

課題を洗い出したら、プロジェクトの目的達成のために優先順位の高い課題を選択する。

課題の優先順位付けをする際の基準は「重要度（質）」と「影響度（量）」。重要度が高く、影響度が大きい課題を選ぶ。重要度は「その課題が解決したら、1人の人がどれくらい嬉しいか」、影響度は「その課題が解決したら何人うれしいか」と考えるとわかりやすいだろう。

課題の選択は1人で行わず、複数人で行うことで、選択する課題の偏りを防ぐことができる。

### 解決策の洗い出し

課題を選択したら、その課題を解決するための解決策を洗い出す。ひとつの課題に対して必ず複数の解決策を洗い出すようにする。解決策の洗い出しのコツは、モレなくダブリなく。洗い出しの観点にモレやダブリがないよう偏りなく解決策を立てることがポイントだ。

モレなくダブリなく解決策を洗い出すには、1人ではなくプロジェクトメンバー複数人で取り組む、どうしても解決策が思いつかない場合は過去の事例を参照したり専門家に聞くなどで情報を集める、1日、1週

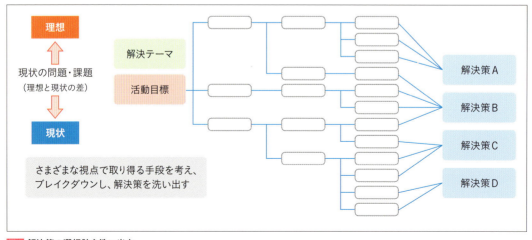

**図3 解決策の選択肢を洗い出す**
さまざまな視点で取り得る手段を考え、ブレイクダウンし、解決策を洗い出す

間など時間に猶予を置いてじっくりと解決策のアイデア出しを行うなどの方法がある 図3 。

## 評価軸の定義

課題に対する解決策を洗い出したらそれぞれを評価して、最終的にどの解決策を採用するか選択しなければならない。このプロセスでは、解決策を選択するための評価軸を定義する。

評価軸を定める目的は、各解決策が「どれくらい解決できるか」「どれくらい手間がかかるか」「新たな課題を生まないか」を明確にすることだ。解決策の洗い出しと同じくもれなくダブりなく評価軸の洗い出しを行う。このときに、品質、コスト、期限、自社、競合、顧客といった定量的な視点だけでなく、慣習や心理など定性的な面も考慮して、その課題に合った評価軸を定義する。すべて漏れなく網羅することは難しくても、重要な評価軸を逃さないことが大切だ。

## 評価軸による採点

先述のように定義した評価軸をもとに、解決策を採点する。評価軸による採点では、「この解決策のこの評価軸にこの点数をつけたのはなぜか」という質問を受けた場合に、点数の基準を担当者が説明できる準備をしておく。

解決策は単一の評価軸で選ぶのではなく、品質・コスト・期限など、必ず複数の評価軸で評価して選ぶことが重要だ。

## 解決策の選択

評価軸での採点が終了したら、最後に解決策を選択する。このとき、選択した課題に対応する解決策はひとつとは限らない。==無理にひとつに絞るのではなく、課題に応じて複数の解決策を選ぶことが重要だ。==解決策を選択したらそれぞれをタスク化し、担当と期限を決める。そのタスクを完了した結果ひとつ一つの課題が解決されて、プロジェクトの目的達成に近づいていく。

しかし、場合によってはタスクが完了したのに課題が解決しなかったり、元の課題が解決するどころか新たな課題が発生してしまうこともあるだろう。そのような場合は、==「解決策の選択がうまくいかなかった」「そもそも解決策を洗い出しきれていなかった」==などの原因を疑い、もう一度解決策の洗い出しに立ち返ってみる。それでも課題の解決に至らない場合には、そもそも課題の選択を誤っていたのかもしれない。

このように課題の解決がうまくいかなった場合でも、プロセスを遡って原因を突き止め、再びそこから課題解決に向けた体制を立て直すことができる 図4 。

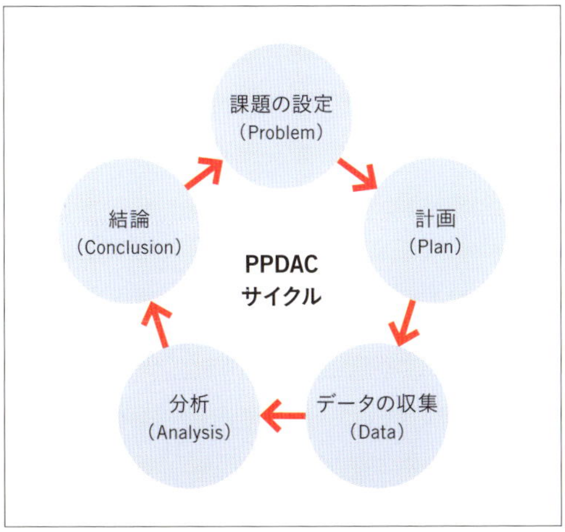

図4 課題解決のフレームワーク「PPDACサイクル」

# CHAPTER 2
## 06 業務フロー図の作成

システム化の目的は効率よくビジネスを実現することだ。そのためには業務フローを理解する必要がある。ここでは、業務の流れを理解する上で必要となる業務フロー図を「誰が」つくるのか、つくることにより「何が」変わるのかを考えていこう。

解説:河野めぐみ(有限会社リズムタイプ)

### フローをわかっているのは誰か

業務フローを一番よく理解しているのは、言うまでもなく発注者だ。どんなに優秀なエンジニアでも、または過去に同じようなシステムに関わった経験のあるエンジニアでも、業務フロー図を作成するのは難しいだろう。たとえ同じような業務であったとしても、会社ごとに異なる独自ルールや流れがあるし、システム化されていない人の手が必要となる業務もある。

そもそもシステム化が必要となるのは、すでに存在する業務フローをシステム化して、より効率よくビジネスを実現するためだ。

そのため、実際に運用されている業務のフローを理解することは欠かせない工程となる。受注側(ベンダー)のエンジニアが時間をかけてヒアリングをしてフロー図を作成するよりも、業務フローに一番近い発注者が作成することがベストと言えるのはこのためだ。

ここでは、システム開発を受託した受注側ではなく、システムを発注する発注側の目線で業務フローをどう作成していけばよいかを考えていくことにする。

### 会社全体を巻きこもう

発注側がフロー図を作成することは、発注者にとっても大きなメリットがある。普段何気なく進めている業務フローを改めて見直す機会になるからだ。「今までこうやってきたから」というような惰性で続けられてきたルーチンフローを振り返り、「今」に即した効率的な業務フローを再構築できる。「現状」を把握し、「理想」のかたちを想定しながら「現実」的なフローに落とし込んでいく。普段の仕事の中ではなかなか時間が取れない業務の改善にメスを入れるよい機会と考えてほしい 図1。

さて、それでは発注側の誰が作成すればよいのか。どうしても主な窓口になる担当者が割り当てられてしまいがちだが、その担当者が社内のすべての業務を理

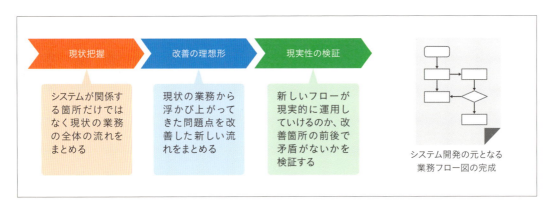

図1 業務フローを考えていく過程

解していることはあまり考えられないだろう。会社規模が大きくなればなおさらである。

CHAPTER 2-02(→P036)、2-03(→P040)で述べられてきたように、複数の部署から選抜されたメンバーがプロジェクトに参加してプロジェクトチームが組まれる。メンバー1人1人を各部署からの代表と考えれば、メンバーが自分の所属部署からヒアリングをして情報を吸い上げ、プロジェクトチームで交わされた議論をフィードバックする。これにより部署内さらには会社全体で進行中のプロジェクトへの関心と理解が得られ、プロジェクトの進行がスムーズになっていくだろう。会社の命運を握るプロジェクトに参加しているというプロジェクトメンバーのモチベーションアップにつながるのだ。

これによってプロジェクトメンバーではない人も、何か協力できることがないかを積極的に考えてくれるかもしれない。あるいは、プロジェクトを別の視点からみて何か気がつきアドバイスや協力をしてもらえるかもしれない。==プロジェクトメンバーだけで達成するプロジェクトではなく、会社全体で成功させるべきプロジェクトであるという意識をもってもらう==ことで、このような相乗効果が生まれるのだ 図2。

## フロー図に何を表現するのか？

システム開発の出発点とも言える業務フロー図作成の目的は、業務の流れを可視化(見える化)することである。具体的な業務フロー図の書き方については詳しく説明しているサイトや書籍が多数あるのでそちらに任せ、ここではフロー図を作成するにあたり何を考慮しておけばよいかを考えていくことにする。

### 現状を把握するためのフロー図

まず最初に作成するのは「現状を把握するため」の業務フロー図だ。

これからシステム化しようと考えている業務に限らず、既存システムのリプレイスの場合も、「システム化」ということはひとまず脇に置いて、現状の業務の流れを書いていく。業務を運用していく上で会社内で行われる業務フローを把握するものなので、システムに関係する部分だけでは本来の目的である「業務フローの現状把握」には不十分である。どのような部署やメンバーが関わってきているか、どのような情報がやり取りされているか、またどのようなアクションがとられているのか。業務の開始から終了まで全体を把握できるようなフロー図であることが望ましい。

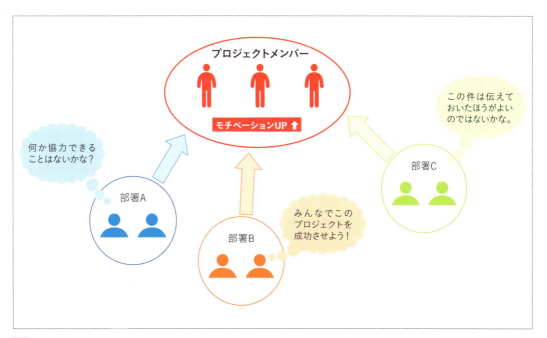

図2 会社全体を巻き込むことでプロジェクトのメンバーと非メンバーの両方に作用する

注意したいのは、業務フロー図はシステムフロー図ではないということだ。フロー図を考えていくとどうしても詳細なところまで掘り下げてしまいがちだが、システム化する上で必要となるデータや処理の流れを追っていくシスムフロー図に対し、業務フロー図は、あくまで包括的にビジネスを捉え業務の流れをを可視化するものであることを常に念頭に置いて作成していくべきだろう 図3 。

## 問題点を改善した新しい業務フロー

次に作成するのは、現状を把握してあきらかになった問題点を解決した新しい業務のフロー図だ 図4 。

「現状を把握するためのフロー図」を作成することにより現状の業務フローの問題点が浮かび上がり、そこから改善すべきところが見えてくる。本来の目的通り機能していないフロー、同じような業務が繰り返される冗長なフロー、有効に機能していないアクションなど、浮かび上がってきた問題点を整理して再構築したフローを、新しいフロー図として起こしていこう。

ただ、どんなにすばらしいフローを描いたとしても実現不可能なフローになってしまっては意味がなくなってしまう。現状を把握するためのフロー図と新たなフロー図を並べ、問題となっている業務が改善できているか、それによって改善した箇所の上流や下流で問題が発生しないかを確認しておくことが必要だ。もし懸念点や確認点があるのであれば、フロー図に付箋を貼るなどして書き出しておくことでシステム化する際に開発側にも共有することができるだろう。

さらに、新しいフロー図を関係部署で確認してもらうことも必要である。改善したフローがそれぞれの部署で運用していくことが可能なのか、認識のズレはな

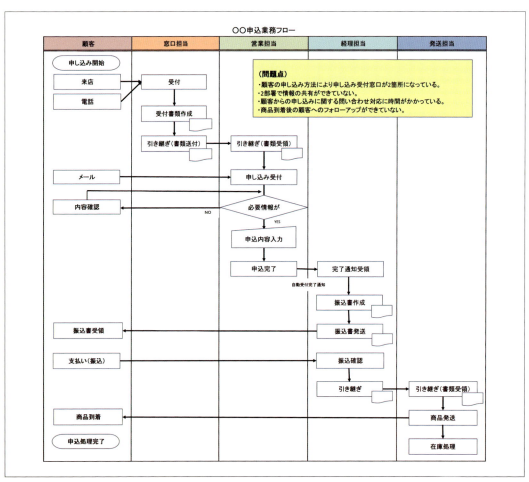

図3 現状を把握するためのフロー図の例

いかを確認するために共有する。その際、フロー図から見えてくるプロジェクトの目的（ゴール）も合わせて伝えたい。

## 業務フロー図をつくるメリット

ここまで「現状」「理想」「現実」というキーワードで、業務フローを再確認する流れを考えてきた。この工程を経てシステム開発の範囲やゴールが見えてくることになる。

発注側が受注側に青写真だけを伝えて開発を依頼する、いわゆる「丸投げ」型のシステム開発は、レビューや納品、運用の段階で何らかの問題が発生し開発の手戻りやリリースの遅延、最悪の場合は訴訟に発展するケースもある。いずれの場合も、受注側だけでなく発注側も大きな打撃となり、どちらも幸せな結末とはならない。受注側だけでなく発注側もシステム開発を成功させるという責務を負っているのだ。==発注側の責務は社内の要件を取りまとめ受注側に正確に伝えること==だと言えるだろう。その責務のひとつの方法として業務フロー図の作成があるという意識で取り組んでほしい。

また、フロー図の作成過程を経ることで何よりも発注者の会社全体のプロジェクトに対する意識が変わってくる。プロジェクトメンバーとのコミュニケーションが生まれることで、会社内で横断した情報共有もやりやすくなるはずだ。

次節では、作成したフロー図をもとにシステム化する範囲を明確にしていく工程を考えていくことになる。

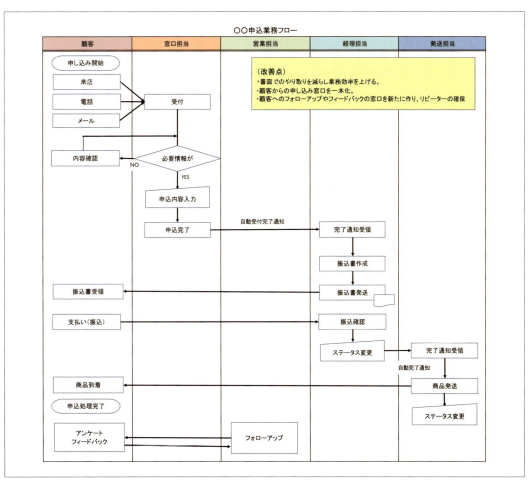

図4 改善した新しいフロー図の例

# CHAPTER 2
## 07 システム化する範囲を検討する

前節でシステム開発の出発点というべき新しい業務フローを作成することができた。次のステップは、そのフロー図の中で「どこを」システム化するのかを考えていく。

解説：河野めぐみ（有限会社リズムタイプ）

### システム化の範囲を考える

業務フロー図ができあがったら、次のステップはシステム化する範囲を考えていく段階になる。この段階でも、まずは発注者側で進めたい。その際にまず考えるのは、次の2つのポイントだ。

- システム化であきらかに効果(価値)が認められるか
- システム化の工数に対し効果が釣り合っているか

### 定型化できないかを再考する

発注者がシステム化の範囲を考えると、「システム化」＝「便利、効率がよい」という観点から入ってしまいがちだが、システム化により業務の効率化や人員の削減など明確な効果が得られるのかをまず考えるべきである。

たとえば、ユーザーの行動によって異なる対応が必要で、人的な運用でフォローしているような業務に対して、無理にシステム化するのは効率的とは言いがたい。システムはある程度統一されたフローを正確にこなすことは得意だが、パターンが並行して複数存在するような場合は、それだけ複雑なシステムが必要となる。

複雑になることに比例して要件漏れや不具合が発生するリスクが高くなることは認識しておきたい。このような場合は、システム化せずに継続して人的な運用とするか、システム化のタイミングでフローを変更（定型化）できるかという発想の転換をする判断が発注側には必要になる 図1 。

### 受注側（ベンダー）の果たす役割

では、この段階で受注側のシステム担当が果たせる役割は何があるだろうか。

システム開発プロジェクトが失敗するケースによく見られるのが、システム化の範囲が曖昧なために開発途中で要件が膨らんでいき、納期が遅れて開発コストが当初の予算を超えてしまうケースだ。逆にいえば、システム化の範囲を明確にしておくことで開発スコープにブレがなくなりプロジェクトを成功に導きやすくなる。開発スコープのズレを最小限に止めるにはどうすればよいのか。

受注側は、発注側から出てくるシステム化の範囲の中で、「必要な機能」と「あるとよい機能」を発注側との話し合いの中で明確にしていくことが必要だ。「必要な機能」であればその中で優先順位をつけていき、「あるとよい機能」であれば削る順位をつけていくとよいだろう。

図1 複雑な分岐のあるフローを交通整理して定型化できるか

## システム開発の最適化

受注側は発注者側から提示されたシステム化の範囲を要件としてすべてを開発範囲と捉えがちだが、まずは発注者側が求めている要件を実現するための最適なシステム開発を提案することが役割と言えるだろう。

### サービスやツールを有効に利用しよう

たとえば、ビジネスの成果の確認としてのデータの集計や分析を例にとってみよう。

データの集計や分析はシステム導入後の必要な業務フローであり、一見システムの得意分野と考えてしまいがちだ。だが、その集計や分析に必要なデータの抽出条件は用途によって複雑になるため、開発工数もおのずと大きく膨らんでくる。このように運用分野の機能を充実させるために本来の機能のリリースが遅れてしまった、というトラブルはよく耳にする話だ。

集計や分析はシステム化には向かないという話ではなく、いちから構築しても必ずしも要件に沿ったシステムができるとは限らないということだ。データの取得までをシステム化し、集計ソフトを使って（システム化の反対語としての）手動で分析できるようなミニマムな運用ケースもあれば、集計や分析を可視化するツールやサービスを利用したほうがよいビッグデータの場合もある 図2 図3 。

システム化する範囲の<mark>すべてをゼロから開発するのではなく、目的にあったツールやサービスを利用するという選択はとても有効</mark>である。システム化の範囲を明確にし、どのようにシステム化していくのか。「システム開発の最適化」を考えることが、開発プロジェクトを成功への鍵と言えるだろう。

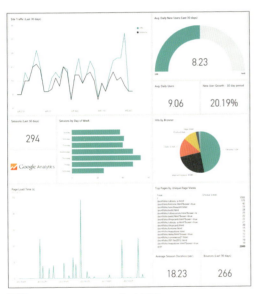

**図2 Microsoft Power BI レポート画面**
https://powerbi.microsoft.com/ja-jp/
マイクロソフトが開発したBIツール（Business Intelligence: 情報を収集、分析するツール）。AzureデータベースやExcelファイルに加え、Google AnalyticsやGitHubなど各種サービスとの連携も可能。上記はGoogle Analyticsと連携してレポートを作成した例

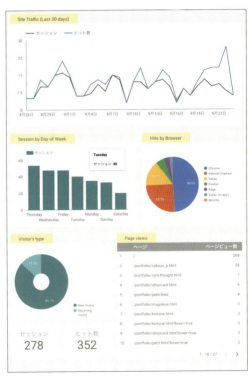

**図3 Google Data Studio レポート画面**
https://cloud.google.com/data-studio/
Googleが提供しているBIツール。2017年9月時点ではベータ版での提供。レポートの内容は自由に設定が可能。上記は、Power BIと同様、Google Analyticsと連携してレポートを作成した例

# CHAPTER 2
## 08 システムのリプレイスを考える

システム開発案件で多いのが既存システムのリプレイス（置き換え）だ。システムの新規導入に比べ、リプレイスの場合は検討すべき事項や実施する項目が増えてくる。ここではリプレイス開発をスムーズに進めていくためのコツを考えてみよう。

解説：河野めぐみ（有限会社リズムタイプ）

### システムのリプレイスとは？

システム開発は、新規に導入するケースと、運用中のシステムを新しいシステムあるいは同等の機能を持った別のシステムに置き換えるケースと大きく2種類に分けられるだろう。

新規導入の場合、開発要件を中心に進めていくのに対し、システムを置き換える（リプレイスする）場合は、既存システムの仕様を引き継ぎつつ、追加の機能要件を満たさなければならない。さらに、可能な限りサービスを止めず、新システムへスムーズに移行することが求められる。

システムリプレイス開発は、新規システムに比べ難易度は格段に高くなると言えるだろう 図1。

### システムリプレイスはなくなることはない

受注するシステム開発案件は、大規模なものから小規模なものまで圧倒的にシステムのリプレイスが多い。年数を経てシステムの不具合が増え、運用レベルでの改修では対応が難しくなるケースや、保守契約切れにともない保守運用会社を切り替えるケースなど、システムリプレイスが必要となる理由はさまざまだ 図2。

ソフトウェアの税制上の耐用年数は5年だが、現実的には使用しているハードウェアの故障やOSやモジ

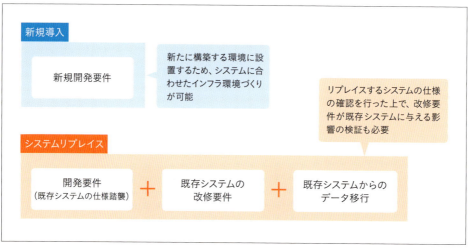

図1 新規導入とリプレイスの違い

ュール等の脆弱性など外的な要因でリプレイスが必要になるケースもあり、何年間もリプレイスなしで使い続けられるシステムは少ないだろう。

## 既存システムの資産はどうする？

必要に迫られるケースがある反面、システムのリプレイスにきちんと予算をつけられないケースもある。いくら耐用年数を超えているといっても、即時に使えなくなるわけではないような急を要しないシステムであれば、経営的にも後回しにされがちだ。経営サイドはコストを極力抑えたい。ビジネスサイドは移行期間や業務へのインパクトをできるだけ少なくしたい。そこで「既存システムを有効活用して、問題となっている機能だけ新しくしたい」という話はよく聞く話である。

もちろん、「既存システム＝古いシステム」とは限らない。継続利用できる機能もあるだろう。ただその場合でも、リプレイス後の新システムとの互換性をしっかり調査・検討することが必要だ。その上で、==機能単位でシステムを置き換えるのか、全面的に置き換えるのかを見極める==必要がある。

## 考えなければならないこと

新規導入とは異なり既存システムのリプレイスは前もって考えておくことがある。大規模になるとリプレイス特有の追加の工程が、開発工数全体の1/3程度かかるケースもある。受注側（ベンダー）だけでなく発注側も決して軽視せずにしっかりと調査・検証に時間をとることで、最終的に開発効率をあげることにつながるだろう。

ではシステムリプレイスの場合は、新規導入時の開発要件に加えてどのようなことを考えていけばよいのだろうか。大きく以下の項目の検討が必要と言える。

- 既存システムの把握
- 稼働中のサービスへの影響
- データの移行

それぞれの工程で何を考えていかなければいけないか、具体的に考えてみよう。

## 既存システムの把握

まず、どのような機能があるのかの洗い出しから始める。システム仕様書などドキュメントから情報を得ることができればベストだ。ただ、ドキュメントが必ず既存システムに沿って改訂されているとは限らない。アジャイル（→P098）で開発されたシステムであれば、そもそも全体を俯瞰したウォーターフォール開発でみられるような確定した仕様書はつくられていない。ドキュメントは、あくまでシステムリプレイスの情報収集の一手段と考え依存しすぎないようにする。

| ハードウェアの故障、老朽化 | OSやモジュールの脆弱性が発見 | 開発／保守会社の保守契約切れ |
| --- | --- | --- |
| 運用改修では対応しきれなくなった | トレンドのシステムに切り替える | 担当者レベルの相性 |

図2 システムリプレイスが必要となるケース

可能であれば、既存システムの運用担当者や開発担当者にヒアリングする機会をもちたい。ドキュメントに記載があるが実際には開発していない機能や、運用していくうちに変更になった機能、どのような経緯で現在の実装になったのかなど、ドキュメントからは把握できない情報やアドバイスを聞くことができるからである 図3 。

そして最終的にはサービス利用者の立場で実際に動作を確認することが必要だ。サービスを利用するユーザーから見た仕様を理解するためのテストを行い、データベースや設定を確認していくことになる。その際、連携している外部のサービス、たとえば決済サービスやコンテンツ配信ネットワーク（CDN = Content Delivery Network）、社内の業務システムやマーケティングツールなど、連携仕様について確認しておく必要があるだろう 図4 。

### 稼働中のサービスへの影響

システムリプレイスで一番重要な検討事項と言えるのが、稼働中のサービスへの影響だ。発注者の立場で考えれば、利用者にサービスを提供できない期間を極力抑えたいはずだ。ただ、それを優先するがためにリプレイス後にサービスの低下が発生しては本末転倒である。受注側は既存システムを把握した上で、稼働中のサービスへのどのような影響があり、既存サービスの品質を担保するために何が必要か発注側にきちんと説明する必要がある。その上で、発注者と協議を重ね最適な方針を考えていくべきだ。

また、リプレイスしたシステムを本番環境に適用する方法についても考えておきたい。おそらく一時的にしろサービスの停止が必要な場合もある。新システムの適用をいつにするのか？どれくらいのダウンタイム

図3 既存システムを把握する方法

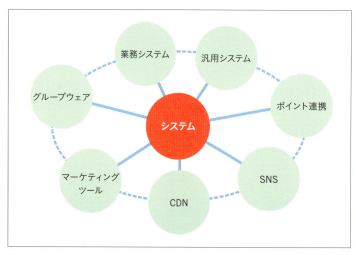

図4 システムはさまざまなサービスとの連携している

が必要か？検討の際には、サービスを利用するユーザーのアクセスや行動について分析した情報も参考になるはずだ。

## 既存データの新システムへの移行

稼働サービスのリプレイス開発の場合、もうひとつ考えなければならないのがデータの新システムへの移行だ。データベースのほか、画像や動画ファイルなど容量の大きなデータも含まれる。移行作業自体は、開発が進み新システムのリリース前のフェーズとなるため後回しになりがちだが、システムの構造を把握する上でも早い段階で調査を行っておきたい。

### データベース

マスターデータ（共通で使用する基本の情報）は比較的スムーズな移行が可能。トランザクションデータ（サービスを利用するユーザーのアクションによって記録されたデータ）の移行作業は難しい。

蓄積されたトランザクションデータの中には、ユーザーが入力した不整合を起こすデータが紛れ込んでしまっている場合もある。移行時にそれらのデータを検出して変換し、移行後に予期せぬトラブルが発生しないようにしなければならない。また、古いデータのうち新システムで不要なデータはバックアップをとって移行しないという選択もあるだろう。

### 画像や動画ファイル

容量が大きなデータが含まれる。データ移行に数日から数週間、サービスの特性によっては数ヶ月かかる場合もある。移行が間に合わずリリースが遅れることのないように計画を立てたい。

### データ移行のタイミング

データの移行のタイミングは、データの構成や種類、データ同士の関連性を考慮して最適な方法を計画しなければならない。

データ量が多く、移行日当日のシステム停止時間だけでは移行が終わらないようなケースであれば、あまり更新の少ないマスターデータを先に移行しておき、トランザクションデータは移行日にシステムを止めてから移行するという方法がよいだろう。

トランザクションデータが大量にある上関連性が複雑で段階的な移行が難しいケースであれば、事前にその時点のデータを移行した上で、一定期間は既存システムと新システムの両方のデータベースに同じデータを登録していく方法がよいだろう 図5 。

このようにデータの特性を見極め、最適な方法を選択することが重要だ。そこで次の「新システムへの移行を考える」では、移行計画を立てる際に何を考えていけばよいのかを考えてみよう。

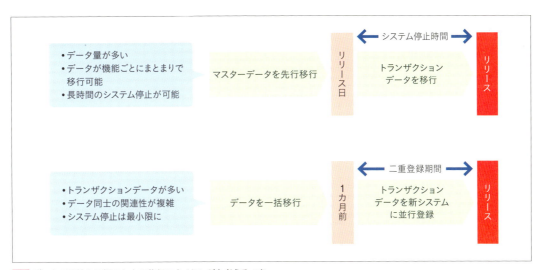

図5 データの特性を見極めた上で移行のタイミングを考えるべき

# CHAPTER 2 09 新システムへの移行を考える

前節では、システムのリプレイス開発でどのようなことを考えていけばよいかを見てきた。ここからは、リプレイス開発で必ず実施される新システムへの「移行」について考えてみる。

解説：河野めぐみ（有限会社リズムタイプ）

## 移行計画を立てる

本番環境への新システムの移行は、限られた時間で一発勝負の実施となる。引き継ぐべき膨大な量のデータが存在し、関係するメンバーが複数の部署や他社に及ぶ場合もある。移行計画は、新システムを本番環境にスムーズに適用し稼働させるまでの工程を、主に「時間」「人員」「方法」の観点から計画していくものだ 図1 。

移行計画を立てる工程は、システムリプレイス開発には欠かせないが、「データベースの仕様が決まらない」などといった理由により、後回しになりがちだ。結合テストが進んで移行の直前に慌ててつくるというケースも少なくないだろう。しかし、詳細なところまで落とし込めないまでも、移行計画はシステム開発の初期の段階で並行して考えておきたい。どのような方法で移行を実施するのか。システム詳細設計の段階で移行を踏まえて設計したほうが手戻りが少なく効率がよいだろう。

では移行計画はどのような内容を記載するのか。移行計画書に記載する内容のうち、主な3つの事項について考えてみることにする。

### 移行スケジュール

まず、移行完了までに進めるべき工程を大きく分類し時間を見積る。その上で、タスクごとの詳細なタイムスケジュールを作成していこう。タスクの内容によってはアクセスの少ない夜間や休日に実施せざるを得ない場合もある。複数の会社が関係しているため担当間の調整に時間がかかったり、想定外のトラブルが発生する可能性も考えて、余裕を持ったスケジュール設定が必要だ。

また、それぞれのタスクの相互関係がわかるようにしておきたい。関連性が明確になっていれば、いずれかのタスクで遅延が発生した場合にその後のタスクにどの程度の影響が出るかを想定できる。前もって影響が想定できていれば、人員を再配置したり、タスクの実施順を変更したりといった対処ができるはずだ。

### メンバー構成

システム移行の工程に関わるメンバー構成と役割を明確にしておくことが重要だ。担当するシステムの開発者のほか、システムの運用担当者、発注側の業務担当者、連携する外部サービス担当者が関係し、それぞれメンバーの協力が必要になる。各メンバーが全体のどの部分の役割を担うのかを共有し、担当漏

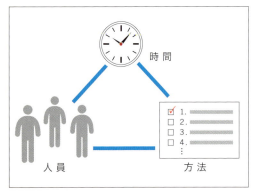

図1 移行計画は「時間」「人員」「方法」の3要素で計画する

れがないようにしなければならない。

また、それぞれの担当の中でも作業者、管理責任者、承認者といった役割についても明記すべきだろう。指示系統が明確になっていないがために情報の伝達がうまくいかず、対応に時間を要してしまったいうケースはよく耳にする。複数の会社が関係してくるからこそ、関係メンバー間のコミュニケーションが非常に重要になるのだ。

## 移行手順と復旧方法

小規模のシスムリプレイスであっても、移行手順を文書化しておくことが必要だ。移行手順書は、移行手順を上から順に流れを追う形で作成していく。その際、手順ごとにチェックしておくべきポイントを記載しておくと、実際の担当者が作業後に確認すべき事項が明確になるため、エラーを検知しやすくなる。

さらに、エラーが発生した場合の復旧方法も併記しておけば、万一移行に失敗した場合でも復旧対応がスムーズになるだろう 図2 。

## 移行リハーサルを実施する

実際に移行する前には移行リハーサルを実施したい。手順に漏れや記述ミスがないか、想定していた時間で移行タスクが完遂できるか、作成した移行プログラムやツールが正常に動作するか。移行リハーサルは、計画の妥当性を検証し本番環境への移行時の懸念事項をつぶしていく工程とも言えるだろう。

移行リハーサルは、実施する担当メンバーが行うべきだ。担当者が移行計画書をもとに実施することで、計画書に記述されている内容の理解度を確認できるだけでなく、曖昧な言葉や誤解を招く言い回しなどを洗い出すことができる。

リハーサルを経て見えてきた計画の不備や漏れ、計画書の記述ミスなどを再調整し、再度リハーサルを繰り返すとよいだろう。プロジェクトの規模にもよるが、移行リハーサルを複数回実施することで計画の精度を上げることにつながるのだ 図3 。

システムリプレイス開発が成功するかどうかは、移行実施までの工程でいかに失敗の要因をつぶしていけるかにかかっていると言える。どうしても移行当日に議論がフォーカスしてしまいがちだが、移行については開発と並行して開発初期の段階から検討するようにしてほしい。

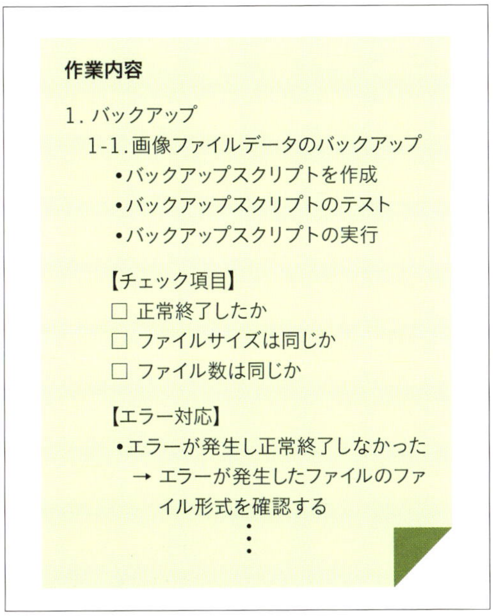

図2 手順書のイメージ
手順が時系列で並び、チェックリストが掲載されているイメージ

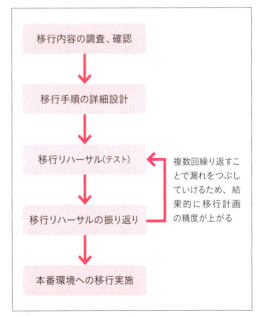

図3 移行を実施するまでの工程

CHAPTER 2

# 10 ゴールを明確にする

システム開発の成功の鍵はゴールを明確にすることといえるだろう。ここでは、ゴールを明確化しプロジェクトを成功に導くコツを考えていくことにする。

解説：河野めぐみ（有限会社リズムタイプ）

## ゴールを明確にするとは？

システム開発において、ゴール（目的）があるのは当然である。これはシステム開発に限ったことではなく、ゴールが設定されていないプロジェクトはないはずだ。しかしゴールが曖昧で、プロジェクトメンバーのそれぞれ異なる立場（視点）の利益により解釈が異なってしまうゴールであったらどうだろう。ゴールを達成するために「何をするのか」「どう進めるのか」の認識をメンバー間で共有できず、完成したものの結局使われずに失敗に終わることが想像できる。

## ステークホルダーそれぞれの利益を考える

では、ゴールはどのように設定すればよいのだろうか。「誰が」「どんな利益を得るのか」を明確にしていき、それぞれの利益を達成できるものをつくり上げることが最善のゴールと言えるだろう。

たとえば、Webサービスの場合を考えてみよう。運営会社のサービスの目的は、多くのユーザーを集客し利益を上げることだ。ではユーザーを集客するにはどうしたらよいか？ 広くサービスを告知するためのプロモーション活動が有効だろう。その結果、訪れるユーザーが増えたが、利用を継続してもらうにはどうすればよいか？ それにはサービスを通して得られるユーザー体験や価値をさらに増やしていくべきだが、それらはどのようにすれば提供し続けられるか？

このように、ゴールは、それぞれステークホルダー（ユーザー、従業員、取引先などの利害関係者）の立場でサービスを通して得られる利益を考えていくことが重要だ 図1 。

図1 それぞれの利益を考えたうえでひとつのゴールを目指す

### 優先順位付け

　システム開発にとって期間の厳守は求められる要件のひとつだ。ただし、発注側は要件に対してどのくらいの開発期間が必要なのかはわからない。希望する期日でのリリースが実現可能かの判断は受注側（ベンダー）から提示することになるが、要件が多く予定期日でのリリースが難しいケースもあるはずだ。その場合でもゴールを明確化することで、優先すべき項目と要件からはずす（あるいは、次フェーズにまわす）項目が見えてくるはずだ。

　このように優先順位をつけることで、期日までに実装可能な要件を取捨選択することもできるし、最低限実装しておきたい機能を選択してリリース日を延長するのかを判断することもできるようになるのだ 図2。

### メンバーの意識統一

　ゴールを明確化することで、プロジェクト参加メンバーの意識が統一できるというメリットもある。意識の統一ができていれば、それぞれがゴールを達成するために最適な手段を判断することができ、漏れていた機能やリスクが高い仕様などを前もって潰していけるだろう。また、意識の統一ができてくると、各メンバーの中でプロジェクトへのロイヤリティが芽生え、参加メンバー自身のモチベーションを上げることにもつながるのである。

## 適切なゴール設定が重要

　ここまで、システム開発における「ゴールの明確化」がいかに重要かを考えてきた。次に、ゴールが設定されているにもかかわらず適切なゴール（目的）の内容になっておらず、システム開発が頓挫してしまったというケースを考えてみる。

### 手段をゴールと捉えてしまうケース

　よくあるケースとして、手段をゴールと考えてしまう場合だ。この場合、最終的に発注側と認識のズレが発生する。開発後半の発注側のレビュー段階になってから、受注側にとっては「聞いていない」仕様が突然浮かび上がってくる一方、発注側は「伝えていた」認識でいるというケースは、インパクトの大小にかかわらず少なからず経験したことがあるだろう。その結果、予定した開発期間内になんとかその仕様開発を組み込むこととなり開発が泥沼化してしまう。

　たとえば「自社製品Aの注文を自動化する」という内容で発注を受けたとしよう。この要件を実現するために受注側（ベンダー）は、顧客から注文を受け取るWebフォームを用意し、必要な情報を入力する項目を実装して顧客がいつでもブラウザから注文できるようにする。さらに注文情報は、受付と同時に適切な部門に通知されるようなシステムを提案する。

　ところが発注側は、それまで分散していた注文窓口を一本化して注文から入金、発送処理までを集中管理し、業務効率を上げることが本来のゴールであった。仕様設計が終わり開発がスタートした段階で出てきた場合、最悪データベース構造の再設計が必要となってしまうことだろう。

　このケースでは、発注側から出てきた「注文方法の自動化」はあくまで手段であることを勘違いしないでほしい。発注側が注文方法を自動化したいと考えた背景は何か？ それにより何を実現したいのか？ そこが、このシステム開発プロジェクトの本来のゴールであるはずだ。受注側は発注側からヒアリングを行い、本来のゴールを明確にして両者の間で共通の認識を持っておくようにしたい（次ページ 図3）。

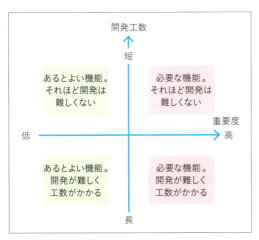

図2 優先順位づけ

## 短期と長期のゴールを見極められないケース

　コンシューマー向けのサービス開発を考えた場合、ユーザーニーズに合わせた開発を継続していくプロジェクトが多い。その時代のトレンドに影響を受けやすいユーザーの嗜好に合わせていかなければならないからだ。その際に陥りやすいのが、==直近の数ヶ月でリリースしたいゴールと、年単位で考えた場合のゴールを混合してしまうケース==である。

　たとえば、あるWebサービスのユーザーの利用継続・促進を最終的なゴールとする開発プロジェクトがあったとしよう。達成する手段として、ユーザー行動に対してのインセンティブ（動機付け）を用意することになった。ユーザーが得たインセンティブはサービス内で標準機能に付加価値をアドオンできるようにするほか、将来的にはさまざまな外部サービスと連携できるようにする構想があった。

　受注側は、初期リリースとしてインセンティブの付与とそれにともなうサービスの拡張までとし、ユーザーの利用状況を確認して次のステップに進む段階的な開発を提案した。与件整理の段階になり、発注側は何箇所かの外部サービス連携も初期リリースに組み込みたいという要求を出してくる。リリース時のビジネス上のインパクトを重視したためである。協議の結果、外部サービスとの連携も含めた仕様での開発要件が固まることになる。

　連携する外部サービスはそれぞれ連携仕様が異なることから、受注側はそれぞれの運営会社に対しヒアリングして仕様の確認が必要となり、実装完了までの期間が2倍近く伸びてしまった。その上、リリース後のユーザー動向を調べたところ、想定していたほどインセンティブを外部サービスで使用していないことがわかった。これは、直近と未来のゴールを見極められたなかったことで開発コストに見合った成果が出なかったケースと言えるだろう。

　では、どのように進めればよかったのだろうか。==受注側から提案されたスピードを重視した小さい機能からのリリースで進めていくべきだった==と言える。特にコンシューマー向けのサービスは、常に変化していく利用ユーザーの嗜好に柔軟に対応していかなければならない。最小の工数で開発し、ユーザー動向を見ながら機能を最適化していく。そして、次のステップとして外部サービスの連携を行うべきだったのだ 図4 。

## プロジェクトの評価

　ゴールは、開発が完了しリリース後にプロジェクトを振り返った際にそのプロジェクトが成功したのかを評価する指針にもなる。当然ながら、ゴールが明確になっていないとプロジェクトの成功・失敗を評価できない。プロジェクトを正しく評価できないままでは、次のフェーズの開発や別のプロジェクトで同じようなことを繰り返すことになってしまう。

　そもそも開発したシステムに不具合が多発し、サービスとして使いものにならないのであれば「失敗」と位置づけられる。その一方で要件がひと通り実装されており、動作も問題なく想定していたサービスが提供できていた場合はどう評価すればよいだろうか。

　何を成功と考えるかは、==システム開発で明確にしたゴールに対し、ステークホルダーそれぞれが利益（＝満足感）を得られているか==を振り返るとよいだろう。利用ユーザーは提供するサービスを利用することで満

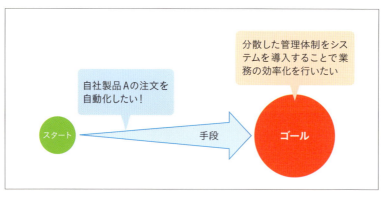

図3 ゴールは手段ではない

足を得られているか。発注側の運営担当者は効率のよい運営に満足しているか。経営者は開発コストとサービスからの収益に満足しているか。

このように、ゴールを明確にしていく過程を逆算して、それぞれの利益が達成できたかを評価するとよいだろう 図5 。

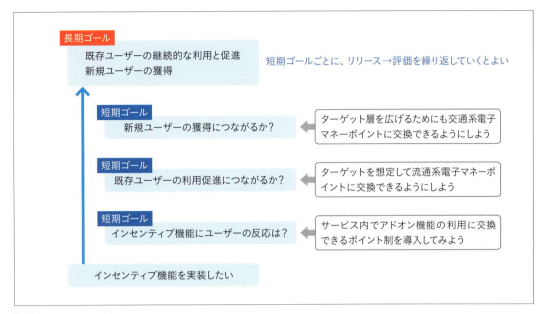

図4 短期ゴールと長期ゴール

図5 プロジェクトの成功の評価はゴールからそれぞれの満足度を図る

## COLUMN

### 見積りにおける過大なバッファ

開発の要件を何社かのベンダーに伝えて見積りが出てきたが、各社で金額に開きがあり、言い分も「なかなか複雑な実装ですね。」から「この程度でできると思いますよ。」とさまざまであったという経験はないだろうか。これでは、より信頼のおけるベンダーを選定する目的であったにもかかわらず、どのベンダーも胡散臭く思われてきて選定の段階で迷走してしまうことだろう。ここでは、どうしたら妥当性のある見積りができるのかを考えてみる 図1 。

### なぜ見積りに開きが生まれるか

そもそも同じ要件を伝えているにもかかわらず、なぜベンダー各社で見積額に開きが出てくるのだろうか？　その一因は、システム開発の見積りにはバッファが含まれてくるためと言えるだろう。

ベンダーは発注者が提示した要件をWBS（Work Breakdown Structure）を作成するなどしてタスクに細分化し、それぞれの工数を積算して見積額を出していく。開発すべきタスクが明確になれば、過去の開発経験に照らし合わせて工数は想定しやすい。逆に要件が不明瞭な場合は大枠のタスクしかみえず、ベンダーはタスクをさらに細かく想定していき工数を出すことになる。この場合、受注後に仕様を詰めていく段階で発注側に新たな要求が上がってくる可能性があり、開発工数は上がっても下がることがないことをベンダーは経験則でわかっているため、余裕をもった工数を出すことなるのだ。

見積られた工数が、要件から最低限考うるタスクの開発で使い切るための工数なのか、想定外のタスクの開発まで見積もった工数なのか、さらにはシステム開発の完成度をさらに上げるための工数なのかにより金額の開きが出てくるのだ 図2 。

### どうしたら妥当性のある見積りが出てくるか

では、ベンダーからより妥当性のある見積りを出してもらうにはどうすればよいのだろうか？　開発スコープが明確になればなるだけ確度の高い見積りがでてくると言えるだろう。

そのためには、発注者は曖昧な要求だけを伝えてベンダーに丸投げするのではなく、発注側できちんと与件整理や要求定義を行うべきだ。さらにベンダーがWBSを作成する工程に、発注側が参加することも有効だろう。ベンダーが発注側の要求をより正確に認識することができれば、ベンダーから提示される見積りは確度が高いものとなるのだ。

「システム開発のことはわからないから」とベンダーにすべてを任せるのではなく、わからない点や理解が曖昧な点はベンダーに説明を求めていく姿勢が発注者には必要だ。システム開発プロジェクトの成功と失敗は、ベンダーだけではなく発注者も責任を追っていることを念頭においてプロジェクトを進めてほしい。

解説：河野めぐみ（有限会社リズムタイプ）

図1 同じ内容を伝えてもベンダー各社で見積りに開きが出る

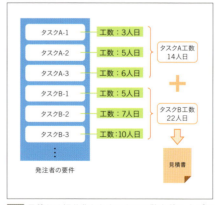

図2 見積りは細分化したタスクの工数を積み上げていく

# CHAPTER 3

# 「要件」を定義する

システムの設計・実装に入る前に、「どんなシステムをつくるのか」という詳細な設計図を描き、チーム全体で共有する工程が「要件定義」だ。設計・実装の工程での後戻りや手戻りをなくせるか、少なくできるかは、この要件定義に掛かっていると言っても過言ではない。

# CHAPTER 3
## 01 要求定義と要件定義

CHAPTER 2までは、発注者が中心となって進めるシステム開発の与件整理の工程を見てきた。ここからは、実際に開発の工程に入る前に行われる要件の定義や、詳細設計に進むための準備の工程を考えていくことにする。

解説：河野めぐみ（有限会社リズムタイプ）

### 要求定義と要件定義の違い

まず、システム開発の初期の段階でよく耳にする「要求定義」と「要件定義」の違いについて考えてみよう。要求定義とは、利用ユーザーの立場で考えてビジネス要件を整理することをいう。発注者がどのようなシステムを「要求」しているのかを、発注者にヒアリングを重ねて文書にまとめる工程だ。これに対し要件定義とは、要求定義をもとにシステムが担うべき役割を機能に落とし込み文書にまとめていく工程となる。

どちらもシステム開発の上流工程で作成されるが、要求定義、要件定義がこのあとのシステム設計や開発工程の土台となる。システム開発の遅延理由として、「システム化目的不適当」「RFP内容不適当」「要件仕様の決定遅れ」「要件分析作業の不十分」「開発規模の増大」の要求・要件定義に関連する5項目で遅延理由の半数を超えていることが、日本情報システム・ユーザー協会 図1 から発行されている「ソフトウェアメトリックス調査」で報告されている。システム開発を成功させるには要求・要件定義が重要であることがわかるだろう。

では、要求定義や要件定義は誰が作成していくのか。発注側にシステム部門があるような企業であれば、発注側のそのシステム部門が社内の業務担当部

図1 「一般社団法人 日本情報システム・ユーザー協会」（http://www.juas.or.jp/）
過去のソフトウェアメトリックス調査は、以下から一部無償でダウンロードすることができる
http://www.juas.or.jp/library/research_rpt/swm/

門と連携して作成していくことになるだろう。ただ、特にWebサービス系のシステム開発では社内のシステム部門はシステム運用部分のみを担当し、企画・運営部門が主体で動くというケースが多い。要求・要件定義にはシステムの知識も必要となるため、完全に発注側で完成させることは難しい。そのため、発注側にヒアリングしながら受注側(ベンダー)が内容を取りまとめるという形で、両者で進めていく作業となる 図2。

## 要求定義を考える

CHAPTER 2までは、発注側で作成した業務フロー図をもとに、システム化する範囲を検討し、ゴールを明確にする工程を見てきた。要求定義は、実際に利用するユーザーの目線でゴールを達成するためにシステムがどのような振る舞いをしてほしいのかを定義づけていくことになる。それを要求定義書として文書化する工程が次のステップとなる。

要求定義はどのようなことを記載していくのか。次の4つの項目を考えていくとわかりやすいだろう。

- ● システム開発のゴールと手段
- ● システムのリリース時期
- ● システム開発体制
- ● リリース後の運用方法

### システム開発のゴールと手段

どのようなビジネス要件を達成したいのかというゴールと、達成するためにはどのような手段が必要なのかまでを記載しておきたい。手段はシステム設計の工程で詳細な実装方法に落とし込むことになるので、要求定義では概要を記載してくレベルでよいだろう。なお、外部のシステムと連携する必要がある場合は、この段階で記載しておくようにする。

### システムのリリース時期

リリース時期は非常に重要な事項だ。要求定義では開発にかかる期間ではなく、ビジネス要件を達成すべき時期と考えたほうがよい。「開発が遅延してリリースの時機を逃し、ほかの企業に先を越されてしまった」では、リリースできたとしてもビジネス要件を達成

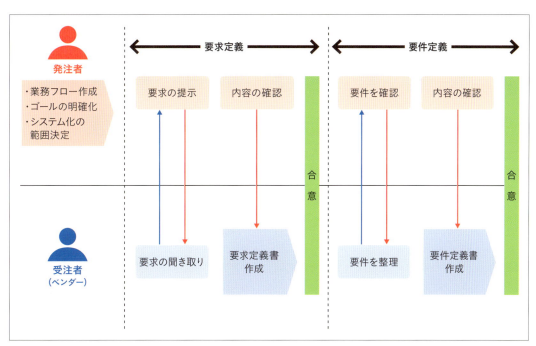

**図2 要求定義から要件定義へ**
CHAPTER 1で触れたRFP(提案依頼書)を要求定義とする場合もある。その場合は、要求定義の工程を経ずに、発注者側から提示されたRFP(提案依頼書)をもとに要件定義に入るケースもある(→P020)。

したとは言えない。リリース時期を逆算しどこまでの機能を開発するのか、絞り込みが必要なケースも出てくるだろう。

## システム開発体制

受注側は、上流工程担当のチームのほかに、実際にプログラムを実装する開発チーム、サーバーやネットワークを担当するインフラチーム、テストを実施するテストチームなどさまざまなメンバーで構成される。また、発注側も業務担当やシステム運用担当と分かれてくるはずである。発注側、受注側の双方の体制を明確にしておきたい。

## リリース後の運用方法

リリース後に誰がどのように運用していくのか、これも要求として挙げておくべき項目のひとつだ。業務担当が手動で管理・運用してくのはどの部分か、管理するためのツールはどうするのか、どこまで管理できるものを準備するのか、発注者との認識を合わせるために必要となる。==運用に関しては、開発工程が後半になってから発注側と受注側の認識の齟齬が発生しやすい機能のため==、要求定義の段階で認識合わせをしておきたい。

なお、要求仕様書は発注側の要望を受けて受注側が作成し、要件仕様書を作成する前に発注側と受注側の認識の相違を確認する上で大切になる。ただ必ずしもすべての要求を出し切れない場合も多いだろう。また、要求はビジネスの要因で変化する可能性もある。要求定義書は開発の骨子として位置づけ、メンバー全員で要求内容を共有しウォッチしておきたい。

## 要件定義を考える

要求定義の合意が取れた段階で、要件定義書を作成する。要求に対して、実現するためにどのような機能や性能が必要となるのかを整理していくことになる。ここで必要な機能や性能を整理できていないと、仕様の漏れが発生しシステム開発が失敗に終わるケースが多いので注意したい。

要件定義を作成する際には、==メンバーの主観によって解釈が変わるような曖昧な記述は行わない==ようにする。また「この機能を実装するのであれば、こうい

う開発手法が常識だ」という思い込みも注意しなければならない。開発チーム内のメンバーの間でも認識の齟齬は発生する。ましてや、発注側は開発手法の常識など持ち合わせていないと考えるべきだろう。

要求定義書に何を含めればよいのか。要求定義と重複する項目もあるが、内容自体はシステムに重点を置いたものとなる。

- ●システム開発の全体方針
- ●ビジネス要件
- ●システムの機能要件
- ●システムの非機能要件
- ●性能目標
- ●セキュリティ要件
- ●運用管理

上記のうち、非機能要件とセキュリティ要件については、CHAPTER 3-05(→P084)、3-06(→P086)で詳しく述べるので、そちらを参照してほしい。ここでは、次の2項目についてもう少し詳しく見ていこう。

## システム開発の全体方針

システムを導入することになった背景や、導入する目的、システム化の概要や範囲などについて明確にする。発注者、受注者の双方の関係者で認識を共有することが目的となる。

## システム機能要件

RFPや要求定義をもとに、必要な機能をリスト化していくことから始める。さらに、機能ごとに次の項目を検討していくことになる。

**【機能単位で必要となる項目】**
- ●処理の内容(新規登録や変更、削除など)
- ●画面の構成
- ●扱うデータの項目
- ●データの出力形式(帳票出力など)
- ●連携する機能

なお、作成した要件定義書を設計担当に引き渡す際には、資料を渡すだけではなく説明する機会を持ちたい。読み合わせの中で、発注者と合意に至った

経緯、発注側の温度感や印象を伝えておくことも重要だ。

## 開発中もウォッチする仕組みが必要

要求・要件定義が発注側と受注側の双方で合意が取れると、いよいよ次のステップに入り本格的な開発フェーズに進むことになる。ただし、要求・要件定義どおりに最後まで開発が進み完了することはまれだ。開発が進んでいく中で、発注側のビジネス上の方針に変更が入った（＝要求定義が変わる）、あるいは予定していたシステムを変更せざるを得ない問題が発生した（＝要件定義に問題が出た）という状況は実際のシステム開発ではよくある。

発注側のビジネス方針が変わったのであれば、変わったことでシステムのどこにどのような影響があるのか確認が必要だ。システム実装上の問題が出たのであれば、ビジネス上のどこにどのような影響が出てくるのかを確認していかなければならない。

要求・要件定義を常にウォッチする体制をつくることで、仮に開発工程の段階で要求や要件に変更が発生したとしても手戻りのインパクトをできる限り少なくすることができるだろう 図3 。

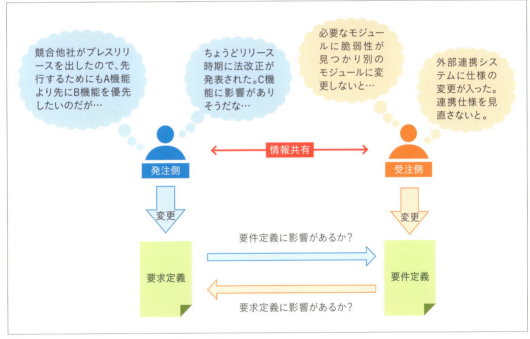

図3 開発中も要求・要件定義をウォッチする体制づくり

# CHAPTER 3
## 02 機能要件を考える

ここからは、要件定義に記載する項目についてもう少し詳しく見ていこう。まずは、どのような機能を開発するのかを検討する機能要件について考えてみる。

解説：河野めぐみ（有限会社リズムタイプ）

## 機能要件とは

要件定義の項目のひとつである機能要件は、どのような機能を実装するのかをまとめたものとなる。具体的には、システム内で実装すべき処理内容、画面構成や操作方法、データの種類や構造、帳票などのデータ出力形式、外部システム連携を検討する必要があるだろう。

### 機能要件には業務の流れの把握が必要

業務全体の流れを整理し、その中でどこをシステム化するのかを明確にしてはじめて機能要件を検討することができる。そのため、CHAPTER 2でみてきたように、

- 業務フロー図を作成する工程
  CHAPTER 2-06（→P052）
- システム化する範囲を決める工程
  CHAPTER 2-07（→P056）
- ゴールを明確にする工程
  CHAPTER 2-10（→P064）

を経た上で検討すべきである。

### 機能要件をゴールに照らし合わせる

機能要件がまとまってきたら、必ず要件をひとつ一つゴールに照らし合わせブレがないかを確認することを忘れないでほしい。機能を考えていく段階になって、発注側からの要求が膨らんでしまい本来のゴールを見失ってしまうことがある。それを防ぐためにも、それぞれの機能要件が次の条件を満たしているかを検証していくとよいだろう 図1。

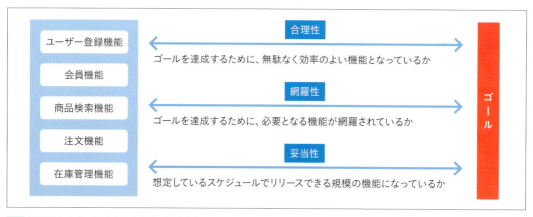

図1 機能単位でゴールに照らし合わせて検証する

- ゴールを達成するために、無駄なく効率のよい機能となっているか
- ゴールを達成するために、必要となる機能が網羅されているか
- 想定しているスケジュールでリリースできる規模の機能になっているか

## 発注側と受注側（ベンダー）の双方の連携が必須

機能要件は、発注・受注双方でヒアリングを重ねることで、より精度の高い要件の定義が可能になる。発注者も機能要件を検討する工程には積極的に関わっていってほしい。

### 発注者の機能要件に関わる姿勢

発注者は、システムで実現したい機能を要求として伝えて終わりではない。自分たちが出した要求に対して、どのような機能があれば実現できるのか、システムの仕組みまで把握するはないがどのような機能があれば実現できるのか、というようなイメージを発注者自身も持っておくべきだろう。

そのためには、前もって類似するサービスを研究しておくことはとても有効な手段だ。実現したいと考えている機能を、類似するサービスではどのような方法で提供しているのか、その方法は自社にも有効なのか、自社のサービスではほかにどのような方法が考えられるのかなど、さまざまに検討してみてほしい。

要件定義の精度をあげるコツは、発注側がどれだけ正確なイメージを受注側に伝えられるかに左右されるといってもよい。そのため要件定義の工程にも、発注者側が積極的に参加してほしい。

### 受注者が発注者に向き合う姿勢

受注者は、システム開発の世界では常識と思われる認識が発注者には共有されていないことを念頭に置いてヒアリングを進めるべきだ。発注者の目線に立って懸念となる事項は細かく確認を行い、よい別案がある場合は提案していきたい。発注者の要求通りにシステムを開発したからといって、必ずしも発注者が満足するとは限らない。逆にレビューの段階になって「想像していたのと違う」ということになり、要件の変更が発生したという話はよくある。発注者から提示された要求の背景にある意図を汲み取り、機能要件を考えていく必要があるのだ。

発注者と受注者は「協力しあってよいシステムをつくり上げていくのだ」という意識で臨んでほしい 図2 。

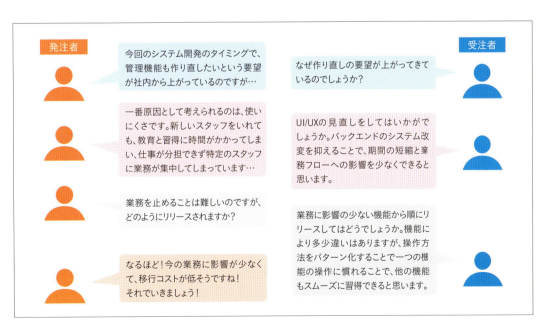

図2 受注者は発注者の要求から真に実装すべき機能を想像すべき

## 機能要件で何を定義していけばよいか

ここからは機能要件で考えていかなければならない具体的な項目について見てみよう。

### 処理内容

要求定義書に沿い、機能をリスト化するところから始める。その際、サービス全体で実装される共通機能やユーザーの状態（たとえば、ゲストユーザー、会員といったログインの有無）など、機能のカテゴリでまとめていくとわかりやすいだろう。

CHAPTER 2-06で作成した業務フロー図（→P052）はシステム範囲以外も含めた業務全体の流れを確認するものであったが、要件定義の工程では、システム化の範囲を流れで確認するシステムフロー図の作成が必要となる。利用ユーザーが情報を入力し、情報がデータベースに格納され、必要に応じた出力を行って処理が完了するまでの一連の流れが確認できるものだ。次節で取り上げる画面の遷移図とは異なり、ユーザーの操作を起点として自動的に処理する部分も含めて作成する。システムフロー図は、発注側とシステムの流れに関して合意することを目的としている 図3 。

### 画面構成や操作方法

業務フローやシステムフローをもとに、ユーザーインターフェイスとなる「画面」について定義する必要がある。内容は、画面一覧、画面遷移、画面の入出力要素、画面上の操作を図表を用いて表現していく。画面の要件については次節でもう少し詳しく見ていくのでそちらを参照してほしい。

Webサービス開発やアプリ開発はもちろんのこと、最近では業務システムにおいても、UX（User Experience ユーザー体験）が求められる。利用ユーザーがストレスなく利用できるように考えていくUXは、図や文章で説明しても正確に理解するのは難しい。そのため、最近はシステム開発の上流工程でプロトタイプを準備するケースがみられるようになってきた。利用ユーザーの環境（PC、スマホ、タブレットなど）のパターンを想定したプロトタイプをつくることができるサー

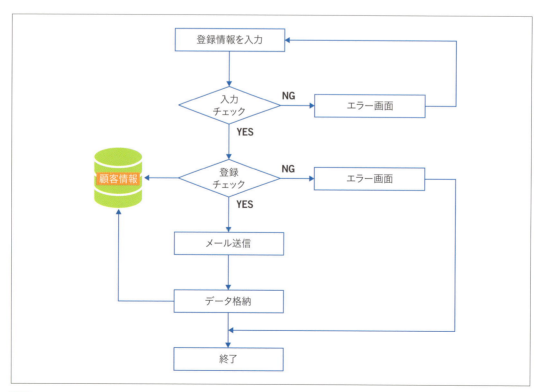

図3 システムフロー図の例

ビスやツールを利用することで比較的容易に準備できるので活用してほしい。発注者がプロトタイプを操作して確認することで、認識違いを防ぐことができる。

### データの種類や構造

データに関しては、システムに必要となるデータの一覧とその関連性について検討していくことになる。扱うデータの内容と関連性について発注者と合意を取り、漏れや誤りがないことを確認していくことが目的となる。データの要件についてはCHAPTER 3-04（→P080）でもう少し詳しく見ていくのでそちらを参照してほしい。

データに関しては、データフロー図や、データの実体（Entity）とそれぞれの関連性（Relationship）を図に起こしたER図、それぞれのデータの参照（Read）、登録（Create）、更新（Update）、削除（Delete）の状況を表に現したCRUD図を作成していくことになる。

### データの出力（帳票）

出力データに関しては、必要となる帳票の一覧に加え、それぞれの帳票で必要となるデータの整理、構成、出力するファイル形式を定義していく。出力データを外部システムへの取り込む場合は、取り込み側システムの仕様（形式や文字コードなど）を確認しておくことも忘れないようにしたい。

### 外部システムとの連携

開発するシステムが、外部のシステムとデータのやり取りが必要となる場合は、連携事項を要件としてあげる必要がある（外部システムとは、他社のシステムだけでなく、自社のほかのシステムも含まれる）。連携する外部システムの一覧を作成するとともに、それぞれの外部システムでやり取りするデータの内容、インターフェイス仕様（接続方法、送受信形式、タイミング）などをまとめていく。

外部システム連携の要件定義は、発注側と受注側のメンバーに加え、接続する外部システムの担当者の3者で協力して進めていくことになる。外部システムに送信したデータの取り扱いや責任範囲など、ビジネス上の取り決めも必要だ。これについては発注側と外部システムの担当との間で合意しておくべき事項となる 図4 。

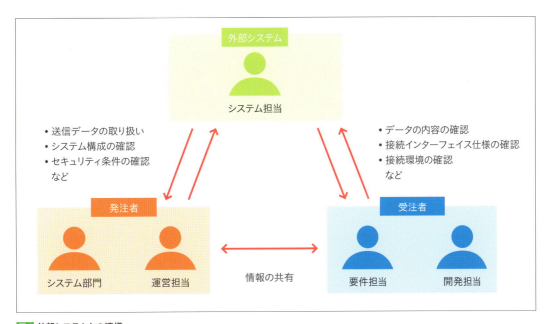

図4 外部システムとの連携

# CHAPTER 3
## 03 画面に関する要件

ここでは、機能要件をさらにブレイクダウンして画面に関する要件について考えてみたい。ユーザー体験を重視する傾向の中、要件定義の段階で振る舞いになる画面をいかに定義していくかみていくことにしよう。

解説：河野めぐみ（有限会社リズムタイプ）

## 画面要件の確認項目

機能要件の中で、業務フローやシステムフローをもとにユーザーインターフェイスを考えることを「画面要件」という。必要となるのは、画面一覧、それらの画面の流れを追う遷移図、各画面の構成要素と操作アクションを図表などだ。これらを定義を定義する際に必要となる項目について詳しくみてみよう。

### 画面一覧

画面一覧は、システムのインターフェイスとして使用する画面を整理し、構成画面の全体像と画面数を確認することが目的となる。機能の正常画面とエラーや例外処理画面はもちろんのこと、システムが直接絡まない、たとえば、ヘルプや規約など付随情報を掲載する画面も含めて考えていかなければならない。

画面を定義する際は、画面の識別IDを作成し、開発中に作成する資料中の画面に関する記述にはその識別IDを共通して使用していくようにする。同じような画面で複数パターンが存在するような場合は異なる画面の識別IDを設定するなどの工夫が必要だ。

そのほかにも、次の項目を画面単位で定義していくと発注者との確認漏れを防げるだろう。

- 画面で達成されるべき主な目的
- 画面が関連している機能
- 画面の種類（一覧、個別、入力フォームなど）
- 画面を閲覧・操作できる利用ユーザーの区分
- 画面にユーザーがアクセスするタイミング

### 画面遷移図

画面一覧ができあがったら、次に画面遷移図を作成していく。画面遷移図は、システムが実装する画面の流れを確認することが目的となる。業務フローやシステムフロー同様、フロー図の形式で作成していくとよいだろう。ただし、画面一覧でリストアップした画面を順番に並べていくだけではなく、次の項目が確認できるように作成する必要がある。

- 画面遷移のきっかけとなるイベント
- 画面遷移にともなって発生する動作
- 条件により分岐する処理

図には含められない事項で重要な内容については、付帯情報として注釈を入れておくとよいだろう。発注者向けだけでなく、その後の工程の担当者にも共有することができる。特に、エラーが発生した場合にどのような画面処理を行うかは、できる限り上流工程で発注者の合意を得ておきたい 図1 。

### 画面の構成要素の確認

画面の構成要素に関する資料は画面単位で必要だ。画面を構成するにあたり、準備する必要がある要素と操作アクションを確認することが目的となる。

画面構成要素については、次のことを確認できるように作成していく必要がある。

- データベースからの取得情報を表示する項目か
- 利用ユーザーからの入力が必要となる項目か

- 入力のインターフェイスは入力方式か選択方式か
- どのような種類の操作ボタンが必要か

入力チェックや画面遷移などの操作アクションについては、次のことを確認できるように作成していく。

- 操作のきっかけとなる画面上のボタン要素
- 条件で分岐するアクション
- 処理後に遷移する画面

なお、利用ユーザーの区分によって画面の表示要素や操作アクションが異なる場合は、その点についても明記する必要がある。

## 画面要件の可視化

機能要件も含め完成した要件定義書に発注者の合意も得られ、開発がスタートするが、レビューの段階になって要件漏れが発覚したりする。要件定義の段階で十分に確認できなかったことが原因ではあるが、時間をさらにかけて確認すれば洗い出せないケースもあるだろう。要件定義書という紙面だけですべてを伝え確認を取るのは難しいということだ。

実際に動作するシステムを使って確認することは難しい。そこで、最近ではプロトタイプを作成する作業を含めて要件定義とするケースが増えている。それは、Webサービスやアプリだけでなく、業務システムにおいても有効な手段となっている。発注者のリテラシーや企業風土により導入の是非はあるが、画面の要件を確認する上で一部分でもプロトタイプを導入するのは有効であると言えるだろう。

【主なプロトタイプツール】
- Prott（https://prottapp.com/ja/）
  日本の会社が開発。直感的なUIのため学習コストが低い。
- Adobe XD（http://www.adobe.com/jp/products/experience-design.html）
  アドビ社が開発。Adobe Creative Cloudに同梱されている。2017年10月、正式リリース。
- Origami Studio（https://origami.design/）
  Facebook社が開発。Facebookアプリの開発にはこのツールが使用された。

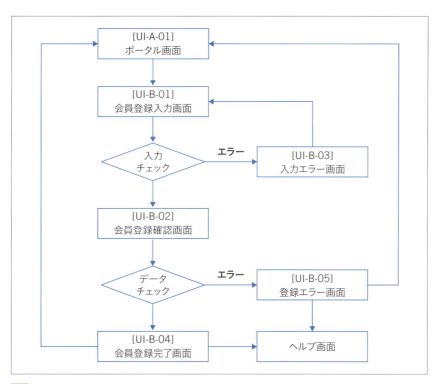

図1 画面遷移図の例

# CHAPTER 3
## 04 データの要件を考える

ここでは、発注側の要求に対して、受注側（ベンダー）ではどのようにデータを洗い出して定義づけしていけばよいのかを考えてみよう。さらに取得したデータを出力する帳票の要件についても触れてみる。

解説：河野めぐみ（有限会社リズムタイプ）

### データの種類と構造

システム開発では必ず何らかのデータを扱うことになる。それらのデータは、主にデータベースに格納され、機能に応じてそのデータを参照、更新、削除される。データは利用ユーザーの操作により作成されたデータであったり、バッチ処理で定期的にプログラムで自動作成されたデータであったりする。要件定義から基本設計の段階で、データの種類や構造の確認に使用される代表的な図表について見てみよう。なお、ここではデータベースに格納するデータを中心に考えていくことにする。

### データフロー図

データの流れを図で表したものをデータフロー図といい、「DFD（Data Flow Diagram）」と省略して呼ばれる。システムの処理の流れを表したシステムフロー図とは異なり、新たに作成されたデータが、各機能の間でどのように流れていくのかを確認できることが目的となる 図1。

データフロー図は次の要素で構成し、一連の流れで表現していく。表現の仕方は、システム全体を範囲とする場合と機能単位で作成する場合がある。

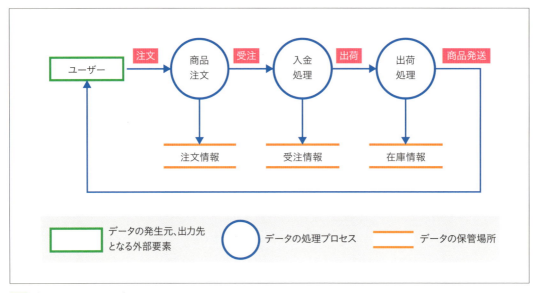

図1 データフロー図のサンプル

- データの発生元、出力先となる外部要素（たとえば利用ユーザー、店舗など）
- データの保管場所（データベースやファイルなど）
- データの処理プロセス（たとえば、注文や受注、入金など）

## ER図

データのまとまりである「エンティティ(Entity)」とデータ同士の関連性「リレーション(Relationship)」を図に表したものをそれぞれの頭文字をとって「ER図」という。システムで扱うデータの全体構造を把握できるとともに、それぞれのデータのつながりを確認することが目的だ。特に関連性は、データベース設計において重要な要素となるので、発注者と十分な確認を行い合意を取っておくべき要件となる **図2**。

ER図は主に次の関連性について表現することができる。

- エンティティの親子の依存関係、非依存関係
- リレーションのパターン

リレーションのパターンは「1対0」「1対1」「1対多数」「多数対多数」などがあり、「多数」についてはさらに「0以上」「1以上」というかたちでデータの関連性を確認できる。関連性は、データベース設計において重要な要素となるので、発注者と十分な確認を行い合意をとっておくべき要件となる。

さらに、ER図に付随する形で、エンティティー覧と定義を準備する。エンティティー覧は、ER図に記載したエンティティを一覧表にまとめたものだ。一覧を作成する作業は、ER図には記述しない各エンティティの概要を明文化していく作業と言える。エンティティ定義は、データのまとまりごとに構成する項目を定義するものである。画面の入力項目の確認に加え、表示に必要な項目、システム上必要な項目を定義し、データの形式（数値、テキスト、真偽）、最大桁数、必須の有無を属性として定義することとなる **図3**。

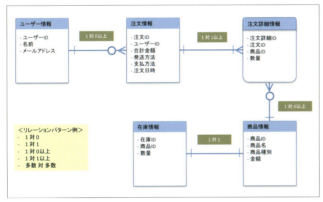

**図2** ER図の例

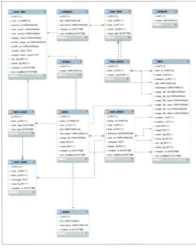

**図3** MySQL Workbenchで実際のデータベースを元に作成したER図
MySQL Workbenchは、MySQLのデータベースを、ビジュアルで操作・管理できるMySQL公式のGUIツールだ。ER図も簡単な操作で作成することができる

## CRUD図

各エンティティに関して、==どの機能で新規登録（Create）、参照（Read）、更新（Update）、削除（Delete）するのかを定義した表==を、各処理の頭文字をとって「CRUD図」という。横軸にデータ、縦軸に機能を記載し、マトリクス形式で「C」「R」「U」「D」を記載していく図表となる。

CRUD図を作成することで、データごとに必要な処理を視覚的に確認することができるようになる。図4はある商品の購入サイトのデータ構造をCRUD図で表したものだ。ゲストユーザーでも購入はできるが利用ユーザーであれば購入するとインセンティブが発生するWebサービスだ。

CRUD図を見てみると、利用ユーザーの登録機能は、ユーザー情報に「C（新規登録）」が必要であるが、この段階では商品情報、注文情報、在庫情報に対しては何も処理が発生しないことがわかる。

次に利用ユーザーが購入登録する場合、注文情報を「C（新規登録）」することになるが、その際にユーザー情報から当該ユーザーの情報を「R（参照）」しつつ、在庫状況を在庫情報から「R（参照）」する必要があることがわかる。

CRUD図は、機能ごとにどのデータをどのように処理するかが明確になり、データ単位で仕様の漏れや誤りがないことを確認できる。

## データの出力（帳票）

システムで取り扱うデータは、画面上の入出力に扱われるほか、帳票として出力されることもある。機能要件では、このデータの出力についても確認を行うことになる。出力形式は、用紙への印刷だけでなくCSVやPDFなどのデジタルデータへの出力やFAX送信という要件も考えられる。帳票出力は、サービスを利用するユーザーに向けた機能ではなく運用に関連する機能なので、要件の検討が後回しになることが多いので注意したい。また、過去に同じようなシステム開発で帳票を扱った場合でも、発注企業によって内容は異なるため、細かな要件を発注側から聞き出すことが必要だ。

さらに、システムリプレイスの場合は、すでに運用している帳票があるはずだ。既存の帳票の仕様を踏襲するのか、統合あるいは廃止する帳票があるかを確認する必要がある。システムが変更となり、既存の帳票の仕様を踏襲できない場合もある。その場合、代替えの帳票についても確認が必要となるだろう。実際に帳票を使っている発注側の担当者に直接ヒアリングを行って進めたい 図5 。

### 帳票一覧

==上流工程で作成した業務フローをもとに、ビジネス要件に照らし合わせて必要な帳票を検討していく==。まず発注側で必要な帳票をリスト化し、受注側（ベンダー）がヒアリングを行い帳票の要件をまとめることが目的となる。

帳票の一覧には、帳票の識別要素のほかに次の項目を明記して発注側に確認していくとよいだろう。

- 帳票の使用用途（業務の内容）
- 帳票出力の期間（日次、週次、月次）
- 帳票出力の方法（オンライン、バッチ）
- 出力形式（用紙、CSV、PDFなど）

|  | ユーザー情報 | 商品情報 | 注文情報 | 在庫情報 |
|---|---|---|---|---|
| ユーザー登録 | C |  |  |  |
| ユーザー照会 | R |  |  |  |
| 商品照会 |  | R |  | R |
| 購入登録 | R | R | C | R |
| 購入照会 |  | R | R |  |
| 在庫更新 |  | R | U |  |

図4 CRUD図のサンプル

## 出力データのフォーマット

　出力する帳票のデータの項目と並びを定義し、発注側がイメージしている帳票に合致しているかを確認する必要がある。また、出力するデータの種類（数値、テキスト、日付など）や表示桁数、表示フォーマットなどを項目ごとに定義する。たとえば、用紙に印刷する場合は出力するスペースが限られてくるため、最大表示桁数を規定して帳票レイアウトが崩れないようにする必要があるだろう。複数ページにまたがる帳票になる場合は、どこで改ページするかという要件も確認する必要がある。

　さらに、出力する情報はどのデータを参照するのかを確認することも重要だ。たとえば、請求書に掲載する情報について考えてみると、出力する住所は顧客データから取得するのか、注文データから取得するのか。どちらの住所を請求書に掲載するかは受注側は判断できない。発注側に確認をせずに行う判断は危険である。運用が始まってから要件が漏れて手戻りを防ぐためにも、確認事項をひとつ一つ確実にあたっていくことが必要だ。

## 出力形式

　帳票の出力形式は、用紙への印刷、CSVやPDFなどのデジタルデータの両方が考えられる。帳票は出力するまでが要件と言えるだろう。用紙に印刷するのであれば、場合によっては、プリンターの種別も考慮する必要があるだろう。CSVに出力する場合でも、その後に表計算ソフトに取り込むことを考慮する必要があるだろう。帳票の用途を業務要件に照らし合わせて、発注者にヒアリングをしてほしい。

　このように、帳票は発注側企業の業務に深く関連してくるため、上流工程で早めに発注者に確認し要件を詰めていかなければならない。

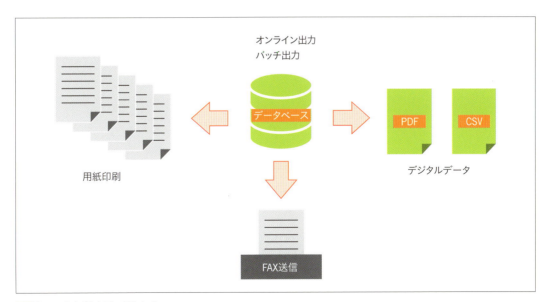

図5　帳票はさまざまな形で扱われる

# CHAPTER 3
## 05 非機能要件を定義する

非機能要件は要件定義の中でも発注元とベンダーの認識のズレが大きくなりやすいため、慎重に進めていこう。

解説：岸 正也（有限会社アルファサラボ）

### 非機能要件とは？

CHAPTER 2とCHAPTER 3-01〜04まで、顧客の与件整理から要件定義までを説明してきたが、これらは主にシステムにおける機能の話だ。上流工程では「新サービスを始める上で、この機能はどうしても必要だ」「業務改善にはこの機能があったらよいと考えるが、予算の都合でカットしてもよい」などの話が多く飛び交うだろう。

だが、システム開発は発注元の求める機能さえ実現できればゴールというものではない。タスクを実行するのに長い時間待たされるシステム、よく停止するシステム、使い勝手が悪くいつもサポートにクレームがくるシステム、機能追加やバグ修正が難しいシステム、セキュリティに問題があるシステムなどは発注元の信頼を大きく失うことになるだろう 図1 。

これらの側面を「機能ではない」要件という観点から「非機能要件」と呼ぶ。「非機能要件」が機能要件と大きく異なる点は、主に発注元に対してヒアリングして要件を洗い出していくものではないことで、ITの専門家であるベンダーが要件を定め、それを発注元に説明、問題や疑問点などがあれば相談する、というのがあるべきフローだ。

一般的に発注元はシステムはまず止まらないなど「非機能要件」に対して大きな期待をしていることが多いので、運用フェーズに入ったあと「非機能要件」が自分たちの考える水準に達していない場合、トラブルになるケースも多い。そのようなトラブルを避けるためにも発注元、ベンダー双方で「非機能要件」について設計段階で念入りに精査することが重要である。

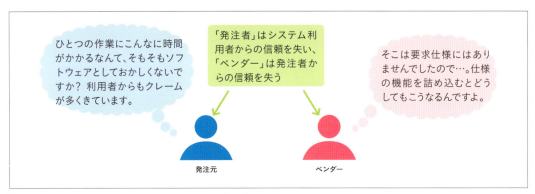

**図1** 非機能要件で発生しやすい発注元とベンダーの認識のズレ
発注元は当たり前だと思う要件もはじめに認識を合わせておかなければ実現できていなかったり、機能要件を優先させたために非機能要件が一定のレベルに達していなかったりすることがある

## 非機能要件の種類

IPA（独立行政法人情報処理推進機構）が公開している「非機能要求グレード」（https://www.ipa.go.jp/sec/softwareengineering/reports/20100416.html）では、次の6つに非機能要求を分類している。

① **可用性**：運用時間やメンテナンス時間、システムの稼働率や災害時の対応など
② **性能／拡張性**：性能目標（動作速度や過負荷、高頻度、最大容量データ投入時の安定動作など）や機能拡張の可否など
③ **運用／保守性**：バックアップ、マニュアルの整備、ログなどのシステム監視など
④ **移行性**：現システムからの移行のスケジュールやデータの統合、移行など
⑤ **セキュリティ**：ウイルス対策や不正アクセス対策などセキュリティ対策。
⑥ **システム環境／エコロジー**：ハードウェアが環境に与える影響や耐震性など

このほかにもUX（ユーザーエクスペリエンス。ユーザーがシステムを使ったときに得られる経験や満足の度合い）なども非機能要件に含まれるだろう。

## 非機能要件をどう考えるか？

本書が対象にしているような小規模システムの場合、前述のIPAの定義に沿うと、①可用性、②性能／拡張性、③運用／保守性、⑤セキュリティは、あらかじめ必要事項をヒアリングした上でベンダー側で要件を策定し、それを発注元に説明する。もし、作成した要件が発注元の要求に満たないということであれば、別途対応を検討するという方法がよいだろう。

機能要件の大小と非機能要件のレベルは必ずしも比例するものではなく、実際には小規模システムだから「脆弱性に多少問題があってもよい」、「多少の時間は止まってもかまわない」などと発注元は考えないのが普通であり、また常識的な考えだろう。一方、ベンダーとしてはすべてのシステム開発において最上の非機能要件を提供することは難しいので、どこかで両者のバランスをとる必要がある。そのタイミングは制作工程において早ければ早いほどよい 図2 。

さらに、セキュリティでは公開後の新デバイス対応や新たな脅威などをシステム開発ともに契約する保守作業内でどこまで対応するのかも合わせて確認していきたい。ただし、④の移行性については要件定義段階から綿密に行わないと、そもそもシステム運用ができなくなるので、現システムの稼働状況やデータ形式を確認しながら、発注元とベンダーの双方、場合によっては移行前システムのベンダーと3社で調整することも必要になってくる。

また、UXのような実際にさわってみなければ判断がつかないようなものに関しては、どのような手順でUXを実現するかを非機能要件で定義する必要がある。

実際にUX専門の手法を使わない場合でも、システムの使い勝手をどう確認しどう承認するかはこの時点で決めておいたほうがよいだろう。

**図2 可用性は業務によって変わる**
運用スケジュール（アップデートやメンテンス時間）、システムの稼働率などは業務内容にできるだけ沿った形にしよう。もちろんシステムに業務を合わせるという考え方もあるが、いずれにしても上流の認識合わせが重要だ

# CHAPTER 3
## 06 セキュリティ要件を考える

Webシステムにはさまざまな脅威が存在する。その脅威を正しく理解し、責任範囲と対策を要件としてまとめることが重要だ。

解説：岸 正也（有限会社アルファサラボ）

## セキュリティ要件を考える

初めてWebシステムにおけるセキュリティ要件を考える人は、その幅の広さにどこから手をつけてよいのか見通しが立たないかもしれない。しかし、Webシステムにおけるセキュリティを正しく認識し、セキュリティに対する要件および責任範囲を明確に定義しておかなければ、「対策を誰が行うのか」「問題があった場合に誰が対応するのか」などの責任の切り分けが難しくなる。たとえば、システム完成後にベンダーがまったくセキュリティ対策をしていなかったため、外部の攻撃からシステムを守ることができず、発注元が社会的損失を受ける事態や、逆に新たな攻撃手法やミドルウェアの未知の脆弱性で問題が発生、ベンダー側がすべて瑕疵として無償修正、さらに賠償責任まで発生するといった事態にもなりかねない。

そのようなトラブルを避けるために「どこに対する」「どのような脅威から」「どのような対策で」「誰が」対応するのかを要件としてしっかりまとめることが必要だ。要件をまとめれば、脅威に対して責任を双方に押しつけることなく、発注元、ベンダーそれぞれ冷静かつベストな対応策を検討できる。

## レイヤー構造で考えてみよう

開発したWebシステムだけでなく、利用者から取得したデータ、Webサーバー、OS、ネットワークインフラなど、脅威はいたるところに存在する。まずはどのようなレイヤーで対応する必要があるかを理解することが重要だ。図1のセキュリティレイヤー構造をもとに必要な対策を大まかに分類すると次のようになる。

- データの取り扱い：データ保護のための指針作成（プライバシーポリシー、利用規約など）、内部的なデータ管理におけるセキュリティ対策（個別パソコンの離席時ロックなど）

- データ、Webシステム：セキュリティを踏まえた実装、アプリケーションログ、定期的な脆弱性診断

- ミドルウェア（Webサーバー、CMS、PHPなど）、OS：パッチ適用、ログ監視、ウイルス、マルウェア対策、ネットワーク設定

- 仮想コンピューター、ファイアーウォール、ネットワーク：パッチ適用、ネットワーク監視など

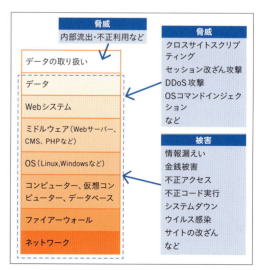

**図1 セキュリティを考える上でのレイヤー構造および脅威**
セキュリティを考える上でまずセキュリティにおけるレイヤー構造と外部からの脅威を認識したい

これらを踏まえて、発注元とベンダーが各レイヤーをどのように担当するのかを調整する必要がある。

たとえばデータの取り扱いにおける各種指針作成は発注元が行うのか、ベンダーが作成を代行するのかなどを検討しよう。こちらについては次節を参照してほしい。

Webシステムの「セキュリティを踏まえた実装」についてはまさにセキュリティ要件に記載するべき内容となるので後述する。

Webシステムの「セキュリティを踏まえた実装」以外の部分、たとえば定期的な脆弱性診断やアプリケーションログ監視、「ミドルウェア」「OS」についての管理やパッチ適用などをベンダーで行う場合は保守の領域になるので保守要件定義などにきっちりその内容を記載しよう。

また、システムのインフラとしてクラウドサービスやホスティングサービスを利用する場合、問題発生時に特にクラウド・ホスティング事業者に責任があるものに関してどのように対応するのかを保守契約書または仕様書に盛り込んでおけるとベストだ。

たとえば、Amazon Web Services（AWS）を利用した場合、責任共有モデルが適用され、AWS利用者とAmazonの責任範囲を明確に表すことができる。Amazonではこれを「AWSの責任は"クラウドのセキュリティ"」「お客様の責任は"クラウドにおけるセキュリティ"」と表現している。これらをもとに責任範囲と問題が起こった際の対応策を発注元と検討するとよいだろう。

## Webシステムにおけるセキュリティ

ベンダー側にとってWebシステムにおける「セキュリティを踏まえた実装」がセキュリティ要件作成の一番のポイントになるだろう。ここではOWASP（Open Web Application Security Project：セキュリティを取り巻く課題を解決することを目的とする、国際的なオープンコミュニティ）が配布している「Webシステム／Webアプリケーションセキュリティ要件書 2.0」を参考にセキュリティに載せるべき要件と実装のポイントを図2 にまとめたので参考にしてほしい。

| 項目 | 記載すべき内容 |
| --- | --- |
| 認証 | Webシステム利用者を特定のユーザーのみに制限するには、認証システムが必要。セキュリティに直結するパスワードの文字数やアカウントロック機能、また最重要な場面では再度パスワードを要求するなど不正利用されないための施策を記載 |
| 認可 | ユーザーごと、またはグループごとに存在する閲覧、操作権限。外部のユーザーが権限を必要とする操作を可能とするような脆弱性がないよう、また付与した権限をユーザーが故意に変更できないことを担保する |
| セッション | 多くのWebシステムでは認証・認可状態の管理にセッションを利用している。セッションを不正利用されないため、有効期限、セッション固定化対策、セッションIDは必ずCookieに保存することなどを明記する。重要な処理を行う箇所ではトークンをhiddenで埋め込み遷移を確認するなどが望ましい |
| パラメーター | URLパラメーターにID、パスワード、ファイル情報などを格納しないこと。また、バッファオーバーフロー攻撃を防ぐため、必要以上の文字数や想定外の文字種を許可しないようにする |
| 出力処理 | フォーム内に不正なHTMLを入力させないようにすることやHTMLの書き換えで不正な操作をされないようにする実装など |
| HTTPS | 安全面からもすべてのページでHTTPSのみを許可することが望ましい。また古い暗号スイートは脆弱性を含むため利用できないようにする |
| Cookie | Cookieに機密情報を格納しない。たとえば、Cookieに権限情報を書き込むと、これを変更して管理者になりすますことも可能になる。また、HTTPSを利用したページのすべてのCookieにはSecure属性をつけるなど |
| 画面設計 | クリックジャッキング攻撃対策としてX-Frame-Optionsを設定するなどを画面まわりの仕様 |
| その他 | アプリケーション、そのほかのログ関連や、ユーザーに必要以上のエラーメッセージ（PHPのエラーメッセージなど）を見せないことなど |

**図2 セキュリティ要件のポイント**
Webシステムレイヤーにおけるセキュリティ要件定義書の重要ポイントをまとめた

# CHAPTER 3
## 07 データの漏えいなどの リスクに対する対応方針

発注元は、Webシステムを利用するために提供された個人情報を含む利用者のデータを、システム運営者としてしっかり保護する意識を持ち、またそれを適切に扱う方法を身につけよう。

解説：岸 正也（有限会社アルファサラボ）

### セキュリティの意識を高く持とう

発注元がWebサービスを自社で運用する場合、個人情報などの取り扱いについてベンダー任せで無自覚であってはいけない。個人情報の管理責任者は発注元であり、万一流出などにつながった場合は多大な損害を被ることになるからだ。

**セキュリティ意識の高いベンダーを選定する**

いくら発注元のセキュリティ意識が高くても、ベンダー側にその意識が低くては情報漏えい対策を正しく行うことは難しい。故にRFPに基づいたベンダー選定の際、選定要件に脆弱性対策や情報漏えい対策を必ず盛り込むことが大切だ。打ち合わせの際には積極的にセキュリティに関しての意識を質問してみよう。また、これらの対策は開発時の対策のみで完結するものではなく、日々新たな脅威が生まれ、それに対する備えが個別に必要になるのだ。それらを理解して保守を行ってもらえるかどうかも重要なポイントである。運用時のリスク管理のポイントについては、CHAPTER 5-06（→P144）を参照してほしい。

**仕様に個人情報の要件や情報漏えい対策を盛り込む**

まず与件整理の段階から、「その個人情報が本当に必要か」をよく吟味するべきだ。たとえば、利用予定がないにもかかわらず、「もしかしたら必要になるかも」というような軽い判断で電話番号や住所を取得するのはやめよう。

クレジットカード番号に関してはより高次な対策が要求される。一例を挙げるとECサイトを自社で構築する場合には、自社でクレジットカード番号を処理及び保持しない仕様にするだけではなく、自社のサーバーを通過しないことが推奨される（経済産業省主導「クレジット取引セキュリティ対策協議会」発表の「実行計画2017」より）。そのためには決済代行会社との通信をトークン方式（自社のサーバーをカード情報が通過しない方式）などにする必要があるのだ。図1。

### 情報セキュリティに関連する各種規約、指針などを整備する

仕様が決まったらシステムが公開されるまでに、発注元はユーザーに安心・安全にWebシステムを利用してもらうための各種指針を整える必要がある。その過程で検討課題もあきらかになってくるのでしっかりと取り組みことが大切だ。これらの指針は法務部署の協力を得て進めていくことになるが、当該事業やITに必ずしも詳しいとは限らないため、必要な事項に漏

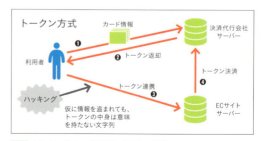

**図1 クレジットカード情報の通信の経路**
クレジットカードで決済を行う場合は、自社でクレジットカード情報を持たない、処理しないだけではなく、通過しないという観点からの要件定義も考慮しなければならない

れがないかシステム担当者の視点でよくチェックを行いたい。

一般的なWebシステムで必要な規約や指針は次の通りである。

## 利用規約

利用規約とはそのWebシステムのルールを明文化したものだ。運用側と利用者、利用者と第三者の間でトラブルにならないように、しっかりと利用規約を定める必要がある 図2 。こちらの効力を発生させるには利用者にWebシステム上で利用規約に同意してもらう必要がある。できればシステム利用を登録制にし、登録時に利用規約確認と同意（チェックボックスなどで同意の意志を明示してもらう）を利用者にお願いするかたちがよいだろう。

## 個人情報保護指針（プライバシーポリシー）

WebサイトやWebシステムで名前やメールアドレスなどの個人情報を収集する場合、個人情報保護指針を公開する必要が個人情報保護法で定められている。一般的な問い合わせフォームの場合も利用者の名前やメールアドレスを取得するため、外部向けのWebサイトやWebシステムの場合はほぼ必須であると言える。

個人情報保護指針とは「利用者から収集した個人情報をどう扱うか？」を定めたルールである。たとえば、問い合わせフォームでは、収集したアドレスを返信のみに利用するのか、もしくはお知らせメールなどのほかの用途に利用するのかなど、利用の用途をあきらかにしなければならない。また、安全対策や禁止事項（第三者に開示・提供しないなど）も合わせて記載し、Cookieやリファラー、閲覧ページなど個人情報以外の履歴情報や特定情報にも触れておくとよいだろう。

個人情報保護指針は法律の定めだけではなく、利用者とのトラブルを防ぎ、また利用者の個人情報を提供することへの不安を和らげるものでもあるので、念入りに整備したい 図3 。

## その他の指針

組織における情報セキュリティの基本方針を表した「情報セキュリティポリシー」を組織全体の情報セキュリティ対策計画の一環として公開できるとよい。またECサイトの場合は特定商取引法に基づく表記を公開する必要がある。

| 項目 | 記載すべき内容 |
| --- | --- |
| ユーザーアカウント情報 | アカウントはほかのユーザーと共有してはならないなどアカウントに関する基本的な利用方法と、不適切だと判断した場合にアカウントを停止する権限を有すること |
| ユーザーの責任 | Webシステムを利用したユーザーの行動はユーザー自身に責任があることを明記する。たとえばブログサービスであればユーザーが発信した内容についてサービス提供側には一切の責任がないこと |
| 料金 | 利用料金が発生するサービスがあること、料金は改定する可能性があること、もし期日までに利用料金が支払われなかった場合の遅延損害金が発生すること |
| 禁止事項 | Webシステムで起こりうる法律違反行為やシステムに過度な負担をかける行為、ハッキング行為 |
| 免責事項 | Webシステムにおける機能改変や停止、終了などにおいてのサービス提供側の責任の有無 |

図2 利用規約の記載例・ポイント

| 項目 | 記載すべき内容 |
| --- | --- |
| 個人情報を収集・利用する目的 | そのWebシステムに即した形で「商品の発送に住所を利用させて頂く」など個別の事象を記載すること |
| 個人情報の第三者提供 | 法令に基づく場合などはもちろん、外部に業務を委託する際などについてもその際の管理体制や委託先選定の基準 |
| セキュリティ | 個人情報取得および管理に対してどのようなセキュリティ対策を行っているか |
| 個人情報の開示 | 開示条件と窓口及び手続きの流れ。手数料が発生する場合は手数料 |
| 問い合わせ先 | 適切な対応ができる専用の問い合わせ窓口を設けること |

図3 個人情報保護指針の記載例・ポイント

# CHAPTER 3 08 | システム開発における見積りの考え方

ここではシステム開発における見積りを発注元、ベンダー（受注側）の両方の視点から考察したい。見積りは発注元とベンダーの共同作業のスタートであり、その合意形成はシステム開発を円滑に進める上で、どちらの立場においても非常に重要な要素だ。

解説：岸 正也（有限会社アルファサラボ）

## システム開発における見積りとは？

辞書的な定義をすると、システム開発における見積りとは、開発が完了するまでにかかる金額、期間、作業範囲を概算することである。つまりシステム開発の大半の要素を含むのだ。まずは起案からベンダーへの見積り依頼、発注までの流れを理解しよう 図1。

## 見積りの考え方（発注元）

発注元として一番知りたいのは稟議を通すための予算感であるが、とりあえずベンダー複数社に簡単な要件を伝え、あとは相見積りで判断しようというスタンスはあまりよくない。なぜならそのシステム開発の適正価格は工数の大小ではなく、投資効果に左右されるからだ。

安価なシステム開発でも、運用後たとえば誰も利用しなければ、社内から現状に対しての説明を求められる可能性は高い。その際、本来どのような効果を見込んで開発を行ったかを社内に対して明確に説明できる必要がある。

そのためには、まず外部ベンダーに見積り依頼を出す前に社内における基準金額、つまり「このシステム開発にどれくらいの予算を発注元として想定しているか？」を設定したい。この金額は「システム開発のために作成したRFPから規模工数を算出し、一般的な工数単価をかけ合わせた」ものでも、「部内の予算がこれだけ使える」でもいいだろう。どんなやり方でも基準金額を設定してほしい。基準価格にはベンダーへの発注分だけではなく社内工数や社内インフラ利用の金額など、かかるお金はすべて加えることを忘れないようにしよう。

次にその基準価格をもとにシステム開発の投資効

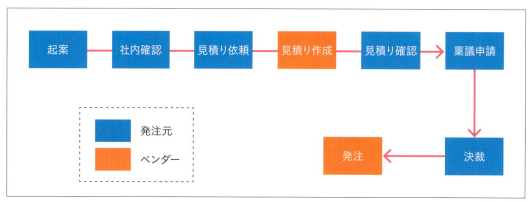

**図1 システム開発起案から発注までの流れ**
ベンダー側も起案から発注までの流れを理解をしておくことが大切だ。また発注元独自のルールがある場合も多いのでよく確認しよう

果を図る。システム投資効果の標準的な指標はエンタープライズ向けにおいてはいくつか存在するが、複雑すぎるケースも多いので本書がターゲットとするような小〜中規模のシステム開発の場合には 図2 のような簡易な計算式でも十分なケースが多い。

## 「請負契約」と「準委任契約」

システムの大まかな採算性を確認したのち、ベンダーに見積り依頼を出すことになるが、その際先に決めておきたいのは契約形態だ。システム開発の契約形態は要件が確定していればその要件通りのものを作成する契約を結ぶ「請負契約」、作業自体に対して期間ごとに報酬を払う「準委任契約」に大別される。その主な特長は 図3 の通りだ。

発注元の視点で見ると初期段階で明確な要件定義が不要な準委任契約で上流工程からベンダーと二人三脚でシステム開発を進めていく準委任契約形態の魅力も高く、アジャイルなどの開発手法も利用できる。ただしベンダー側に瑕疵担保責任も完成責任もなく、また実際には完成まで無限の予算が使えるわけではないので、準委任契約前提でも基準金額や投資効果を明確にした上で、何ヶ月で効果を実現するシステムを完成させるという目標をベンダーと合意形成しておきたい。どちらの契約形態をとるかをベンダーに提案してもらうケースもある。

また、4〜5人月以上の案件の場合は、ベンダーに対して発注元が要件定義書作成までを「準委任契約」、開発フェーズを「請負契約」と2段階の契約を行う場合もある。

## ベンダーへの見積り依頼（発注元）

契約形態を決めた後、ベンダーから見積りを含めた提案をもらおう。その際、必ずRFP（提案依頼書）をあわせて提出すること。RFPについてはCHAPTER 1-05（→P020）で詳述しているが、発注元のシステムの目的が明確に伝わらなければ思うような提案がもらえず、見積り金額も項目もバラバラといったことになりかねないので十分に注意しよう（次ページ 図4 ）。

予算がほぼ確定しており提案重視の場合は、予算を「初期費用500万、保守・運用費は別」といったかたちでRFPの中で提示するのもよいだろう。予算が固定であれば単純に一番成功に近いと予測される提案を行ったベンダーを採用すればよいからだ。

---

**システム3年間の採算を計算する場合**

（一年あたりのシステム導入効果×3）−（システム初期投資×1.5）

プラスであれば採算が取れる、マイナスであれば不採算。たとえば、導入による新サービスの利益予測が3年間で240万、システム初期投資が200万であれば-60万となり採算が取れるシステムとは言えない

**図2** 投資効果簡易計算式
さまざまな計算法が存在するが、小 - 中規模のシステムであればこのレベルの計算式でも十分に役に立つ

---

**請負契約**
- ベンダーに要件定義書通りのシステムの完成責任がある
- ベンダーに完成までに顕在化しなかったバグに対して一定期間の瑕疵担保責任がある
- 発注元に指揮命令権はない

**準委任契約契約**
- ベンダーに完成責任はない
- ベンダーに瑕疵担保責任はない
- ベンダーに善管注意義務（プロフェッショナルとして通常期待される注意義務）がある

**図3**「請負契約」と「準委任契約」の違い
請負の場合多くリスクがあるように見えるが、ベンダーの腕の見せどころ。開発がスムーズに進めば「準委任契約」以上の利益を得ることができる

## 請負案件の見積り作成（ベンダー）

次にベンダーの視点で見積りを考えてみよう。ベンダーにとって見積りは売上確保の第一歩であり、利益を生み出す元となる重要なものだ。発注元に採用され、ベンダーとしても利益が見込める見積りを作成するにはどうすればよいだろうか？

ここでは請負契約前提の場合で考えてみたい。この場合は発注元から要件がRFP（提案依頼書）といった形で提示されるので、その要件を満たす工数を算出していく。発注元にも納得感があり、またベンダーの実作業が算出した工数に近くなるような精度をもった見積りを作成することが重要だ（一般的に見積りの精度は要件定義完成前で50％、要件定義完成後は10％といわれている）。**図5**。

工数の算出法は大きくは次の3つに分かれる。それぞれの特長は以下の通りだ。

### 類推（トップダウン）見積り

過去の事例や経験からまず全体量を算出、その後各項目に工数を配分する。この手法は見積りを作成する人の経験に左右されやすく、精度が低いとされている。特に経験のある方も多いだろうが、予算がある程度決められていて、その予算内に収まるように適宜項目を割り当てるといった手法は、実際の作業工数から大きく逸脱する場合が多いのでやめたほうがよいだろう。また、発注元への工数算出説明も曖昧になることが多い。

### 係数モデル見積り

COCOMO II法やFP（ファンクション・ポイント）法など特定の係数モデルを使ってシステムの規模を計り、それを生産性値で割って工数を算出する方法。たとえば、FP法では次のような指標をもとに機能を難易度

**図4** 見積り依頼はやりたいことを明確にする
システム開発の意図がベンダーに伝わらないと判断できない見積りをもらうことになる

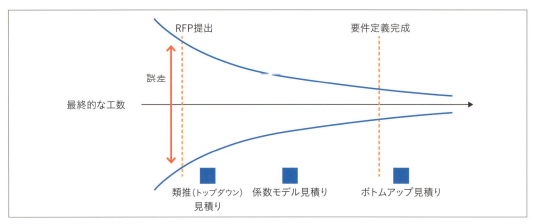

**図5** 見積り手法による精度の変化
右から順番に精度は上がっていくが、その分発注元から十分な情報を得ることができなければ作成が難しい

に応じて定義してシステム全体の規模を見積る。

① 外部入力
② 外部出力
③ 外部照会
④ 内部論理ファイル
⑤ 外部インターフェイスファイル

　特に発注元もFP法を理解している場合は納得してもらえる可能性も高く、小〜中規模システムでも十分利用できる手法である。
　また、簡易的なものとして画面数や機能数に難易度に応じた特定の係数をかける手法もある。小〜中規模システムではこちらで十分な場合も多いだろう。

**ボトムアップ見積り**

　システム開発を各機能に分解し、工数を算出する方法。抜けや漏れが少なくなるが要件定義レベルまで落とし込みを行わないと正確に算出することができない。個別の作業内容をみていくため見落としが少なく正確な見積りを算出することができる一方、個別に機能を見積るため個別にバッファを持たせる傾向が生まれ金額が高くなることが多いとされている。
　本書で扱う小〜中規模のシステム開発の場合は、ボトムアップ見積りか、簡易版係数モデル見積り（画面数×難易度×単価）といったモデルを用いるとよいだろう。

## 見積り作成のポイント（ベンダー）

### 1）工数は誰が算出するか

　本書で扱う小〜中規模のシステム開発の場合は、実装するエンジニアとシステムディレクターで相談しつつ行うのがよいだろう。エンジニアの得意分野やスキルは人によって違うので、特にエンジニア5人以下の開発の場合、生産性を一律に保つのは困難だ。そのためチームでディスカッションしつつ工数を捻出するとよい。エンジニアにとっても工数を考えるよい訓練になるだろう。

### 2）機能以外の要件も忘れずに

　係数モデル見積りやボトムアップ見積りは主に機能作成にどれだけ工数がかかるかを算出するものだ。テストや非機能要件（性能やセキュリティ、デザイン、マニュアル作成）などは当然ながらはいっていない。この点を忘れないように見積りに加えよう。

### 3）不確定要素は複数の見積りを作成する

　ある機能が必要かそうでないかは最終的に発注元が決める。見積りがよい提案書も兼ねるように採用が不確定な機能も盛り込もう。ただし、最終的な総額が記載された見積もりが必要な発注元も多いので、その場合はパターン別の見積りを用意するのがよい。

### 4）すべてにおいて説明できること

　発注元が不明瞭な見積りを嫌うのは当然で、すべてにおいて明確に説明できる必要がある。それができれば発注元も納得できる見積りが完成する。
　たとえば見積りの項目を機能別に作成した場合、なぜこの機能にこれだけかかるのかの理由を明確に説明ができれば発注元から値引きを要請された際は優先度の低い機能を削減するという方向にうまく進むだろう。

### 5）類推（トップダウン）見積りの効能

　1,000万以下の案件であれば何度かシステム開発を経験すれば、RFPをみて「この部分は問題が起こりやすい」「ここは思ったよりスムーズに進みそうだ」といった指摘をすることができるようになる。それら過去の経験を呼び起こし、係数モデル見積りやボトムアップ見積りで割り出した見積りを照らし合わせてみることで、より精度の高い見積りを作成できるのだ。

## 見積り選定（発注元）

　発注元はベンダーから見積りを受け取り、精査する。その際金額のみに問われず、システム開発の進めやすさ、今後の運用のしやすさ、問題が起こった場合の対応なども加味して選定を行いたい。詳しくはCHAPTER 1-04（→P016）を参照してほしい。

## COLUMN

### ソフトウェアの「コアハック」はやめよう

WordPressやEC-Cubeなどカスタマイズ可能なCMSやカートシステム、もしくはCakePHPに代表されるフレームワークなど、Webシステムの前提となるソフトウェアを利用する際、予期せぬバグや発注元の機能要望に応じて、それらの基本プログラムのソースを改変したくなるようなケースが現場ではしばしば発生する。

プログラマーの間では「コアハック」と呼ばれるこの基本プログラム変更は、主に以下に挙げる理由からできるだけ避けたい。多くのカスタマイズ可能なソフトウェアはバージョンアップの影響を受ける基本プログラムファイル群と、テンプレートや設定ファイルといった開発者が変更するべきファイル群に分かれているので、後者のみを開発に利用するのが原則だ。

- セキュリティパッチをあてることが難しくなり、放置すれば脆弱性を抱えることになる。
- アップデートを行うことが難しくなり、バグフィックスができない、新機能が利用できない、また新しいデバイスやミドルウェアに対応できないなどの問題を抱えることになる。ソフトウェアは常に最新版に保つことが重要だ。
- コアハックしてもアップデートできるようなソフトウェアの場合、当然ながらコアハックした部分はアップデーターで上書きされるので、再度適用作業が必要になる。
- 特定のソフトウェア製品に慣れたプログラマーでも基本プログラムの変更は想定外で、仮に変更履歴のドキュメントがあってもメンテナビリティが著しく低下する。実際の開発現場では多くのプログラマーが開発に参加し、また保守期間に担当のプログラマーが変更になることも多々あるため、基本プログラムの変更が原因で予想外の問題が起きないようにしたい。もし、問題が起きた場合プログラマーは通常に比べ原因の特定が難しく、無駄な時間を費やすことになるだろう 図1 。

このような事態を避けるためまず、非機能要件定義書や開発ポリシーに「基本プログラムを変更しない」ことを仕様として定め、ソフトウェアを常に最新に保つことでセキュリティやバグ解消、機能拡張を担保したい。

機能要件を設定ファイルだけでは満たせない場合、またはどうしても修正したい問題点がでてきた場合は、ソフトウェアによってはプラグインやそのほかの方法で基本プログラムを書き換えずに同等の動作を実現できる仕組みが用意されているものも多い。たとえば、WordPressにおいては「フィルターフック」や「アクションフック」と呼ばれる基本プログラムを変更せずにソフトウェア製品を拡張できる仕組みが用意されている。

それも難しい場合は開発元に相談するか、オープンソースの場合はそのソフトウェアのオープンソースコミュニティにパッチ提供を行おう。

解説：岸 正也（有限会社アルファサラボ）

図1 後々そのシステムを担当する人のことも考えてコアハックはやめよう

# CHAPTER 4

# 設計・開発・テスト

いよいよシステムの「設計・実装」の段階に入る。この工程では「予算」「期日」を守りながら、開発するシステムが要件に沿っているか、使いやすいものになっているなどの「品質」を適切に管理できるかが肝となる。そのための、具体的な開発手法とプロジェクト管理の手法を見ていこう。

# CHAPTER 4 01 システム開発における プロジェクト管理

システム開発プロジェクトで管理が必要な7項目をピックアップして解説する。その中でも特に重要な品質、予算、期日、スコープの4つすべてを固定して管理することは難しい。想定外なことが発生した際にはスコープを可変にして対応する。

解説：藤村 新

## プロジェクト管理とは

まず前提として、ここではプロジェクトを以下のように定義する。

- プロジェクトは期間（開始と終了）がある
- プロジェクトは資源（人、モノ、お金）が限られている
- プロジェクトは独自の成果物をつくり出す

つまりシステム開発におけるプロジェクトとは、「決められた期間の中で、限られた資源を使い、独自のシステムを開発すること」であり、それが適切に実現されるために管理することをプロジェクト管理という。

## プロジェクト管理で管理する項目

プロジェクト管理において、管理するべき7項目をひとつずつ説明する 図1 。

### 品質

一般的に品質は高いほうがよい。あえて品質を低く抑えるのはスピードを優先した仮説検証目的のプロジェクトなど、特別な場合に限られるだろう。だからといって常に100％の品質を目指して過剰に予算と時間をかければよいというわけでもない。限られた資源を有効活用し、一定の品質基準をちょうど満たすように管理することが重要だ。

### 予算

一般的に予算の中で占める割合が一番大きいのは人員コストだろう。「猫踏んじゃったしか弾けない人間を500人集めてもショパンの曲は演奏できない」という例えもあるとおり、単に人員をたくさん集めれば早くシステムができ上がるわけではない。限られた予算の中で最適な人員構成を考える。

### 期日

期日はずらすべきではない。期日までにすべての機能が完成していなかったとしても、たとえば、優先度の高い機能を90％程度期日までに納品することができれば発注側の要望を満たせるケースもあるだろう。そのためには、優先度の高い機能から順に完成させていくアジャイル開発プロセスが必要となる。詳しくはCHAPTER 4-07（→P110）を参照してほしい。

### スコープ（つくる対象）

先述の品質、予算、期日は基本的にすべて固定するべきだ。つまり、一定の品質のシステムを決められた予算（人員）で開発し、決められた期日に納品することを目指す。

しかしながら、システム開発プロジェクトは不確定要素も多く、非常に難易度も高いため、すべてを事前に予見することは不可能に近い。そのため、スコープ（つくる対象）のみ可変とし、スコープを調整することで品質、予算、期日を固定させるアプローチを取るとい

う方法が考えられる。具体的には「期日」で前述したとおり、期日までの間に優先度の高い機能から順に完成させていく。そうすれば想定外のことが発生しても当初計画したスコープの80％〜90％程度は期日までに納品できるだろう 図2 。

### リスク

リスクの管理もプロジェクト管理の重要な要素のひとつである。繰り返しになるが、すべてを事前に予見することは不可能に近い。だからといって事前に何も考えないというわけでは決してない。事前に可能な限りのリスクを想定し、関係者に共有し、対応策を考えておくことが重要だ。

### チーム、メンバー

当たり前だが、人間はロボットではない。気分によってパフォーマンスや品質も大きく変わってくる。また、単に優秀なメンバーを集めれば優秀なチームができるわけでもない。野球で各球団の4番を打つ強打者だけを集めたところで強いチームにならないのと同じだ。各メンバーが最大のパフォーマンスを出せるような環境づくりや、==メンバー間の円滑なコミュニケーションの仕組みを整えることもプロジェクト管理の重要な要素のひとつである。==

### 情報

最近では可能な限りの情報をメンバーに開示するようなプロジェクト管理が増えてきている。具体的にはなぜこのプロジェクトが始まったのか、発注者はなぜこのような機能を求めているのか、設計者はなぜこのような設計をしたのかなどの背景となる情報を開発者にも共有し、それらの情報を参考にして開発者は最善の開発を行っていく 図3 。

図1 管理するべき項目

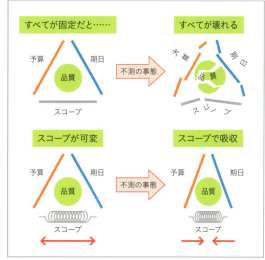

図2 品質、予算、期日、スコープの関係

図3 求められるプロジェクトマネージャー像

# CHAPTER 4
## 02 アジャイル開発における スケジュール管理

「アジャイル開発」における計画づくり、スケジュール管理の方法について順を追って説明する。アジャイル開発についての詳細は、CHAPTER 4-07（→P110）、4-08（→P114）を参照してほしい。

解説：藤村 新

## アジャイル開発における計画づくり

アジャイル開発における計画づくりは次のような流れで進めることが多い。

① 機能の洗い出し
② 機能の整理
③ 見積り
④ 機能リスト作成
⑤ 開発速度の見積り
⑥ 期間の見積り（初期計画作成）

### ① 機能の洗い出し

発注者が発注前にすでに機能の洗い出しを終えている場合も多いが、もし可能であれば発注者、受注者が一堂に会して協働で機能を洗い出すことをお勧めする。発注者はプロジェクトの背景、ゴールを説明し、そのゴールの実現に向けて必要な機能を全員で洗い出していく。

### ② 機能の整理

横軸に時系列、縦軸に優先度順となるように、①で洗い出した機能をマッピングしていく 図1 。この手法を「ユーザーストーリーマッピング」という。具体的なユーザーストーリーマッピングの進め方を説明する。

1) ①で洗い出した個々の機能をすべて付箋に書く。
2) ユーザーごとの体験順に、左から右へと時系列に並べて貼る。
3) 似た機能はグループにして、優先度が高い基本的な機能が上、優先度が低い派生的な機能が下になるように縦に並べて貼る。
4) 3)でまとめたグループに名前をつける（図の中の「ユーザー情報登録」「ログイン」など）。これを「フィーチャー」と呼ぶ。
5) 複数のユーザーが想定される場合は、同一ユーザーのフィーチャーをまとめて名前をつける。これを「アクティビティ」と呼ぶ（図では省略）。
6) リリース1、2、3…と、各リリースごとに含める機能を検討して横に線を引く。

ユーザーストーリーマッピングも、①の機能洗い出しと同様、発注者、受注者が一堂に会して協働で行うとよい。==優先順位順に上下に並べることで、受注者は発注者が何を優先したいと考えているかを理解することができる==。また時系列順に左右に並べることで、発注者だけでは見落としていた機能の抜け漏れに気づくこともできる。

ユーザーストーリーマッピングの詳細については書籍『ユーザーストーリーマッピング』（Jeff Patton著, 川口 恭伸 監訳, 長尾 高弘 訳／オライリー・ジャパン）を参照してほしい。

### ③ 見積り

従来の見積りは「人日」（ひとりの開発者が1日で終えることができる作業量単位）で行われてきたが、人日見積りには規模の見積りと、期間の見積りが混在しているという問題があった。ジュニアレベルのエンジニアが1日で終える作業量も、2倍のスピードのシニアレベルのエンジニアが2倍の規模の作業を行う場合もどちら

も同じ1人日となってしまう。

　アジャイル開発では規模の見積りと、期間の見積りを明確に分ける。この段階では各機能の規模を相対見積りで行う。相対見積りとは、ひとつの基準となる機能を5ポイントと設定し、ほかの機能を同じ規模（5ポイント）、半分以下（2ポイント）、倍よりは小さい（8ポイント）のように相対的な大きさの比較によって見積っていく。プランニングポーカーというトランプのようなカードを使って見積ることが多い 図2 。プランニングポーカーの使い方の例について紹介する。

1) 発注者は機能をひとつ選び、受注者（開発者）に機能の内容を説明する。
2) 受注者（開発者）は不明点を発注者に質問する。
3) 全開発者は個別に見積りのポイントが書かれたカードを1枚選び、伏せておく。
4) 全開発者が同時にカードをオープンにする。
5) 全員の見積りポイントが一致していれば、そのポイントが見積りポイントとなる。
6) 見積りにばらつきがあった場合、最大のポイントを出した開発者と最小のポイントを出した開発者の根拠をそれぞれ聞いて議論する。根拠の説明はひとり1分以内、議論は3分以内など、時間を区切るとよい。
7) 議論が終わったら、3) に戻る。3回繰り返しても全員のポイントが一致しなければ、最大のポイントを見積りポイントとする。

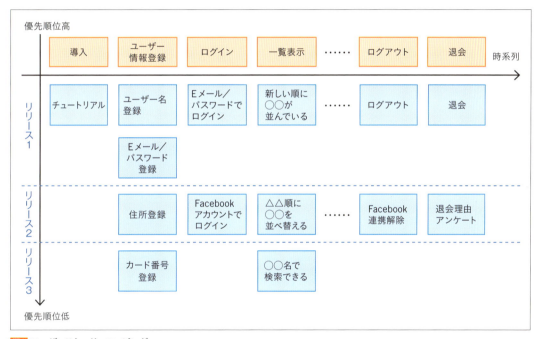

図1 ユーザーストーリーマッピング

図2 プランニングポーカー

プランニングポーカーの利点のひとつは、開発する前に認識違いに気づけることだ。ひとりだけ大きめのポイントを出してしまう場合は、スコープを拡大解釈してしまったり、有用なライブラリの存在に気づいていないことが考えられる。一方、ひとりだけ小さいポイントを出してしまう場合は、スコープを過小評価してしまっている場合もあるだろう。開発する前に認識を合わせておくことが重要だ。

### ④ 機能リスト作成

ここまでで、ポイントが見積られた複数の機能が出揃った。これら機能を開発優先順位順に並べたものが機能リストだ。ここで重要なのは高中低のような優先度をつけるのではなく明確な順番に並べることだ。発注者の希望や開発を進める上での都合などを踏まえ、最終的には発注者の判断で開発優先順序を決定する。この機能リストのことをアジャイル開発では「プロダクトバックログ」と呼ぶ。

### ⑤ 開発速度の見積り

開発を行うチームが、任意の期間（1週間など）で開発を完了することができる機能の合計ポイント（見積りで行ったポイント）を見積る。すでに何度もいっしょに開発を行ってきたチームであれば精度の高い開発速度の見積りができるだろうが、そうでない場合は精度の高い見積りは難しい。最初の段階では、開発者の感覚で仮の開発速度を設定し、開発を進めながら徐々に調整していくとよい。この開発速度のことをアジャイル開発では「ベロシティ」と呼ぶ。

### ⑥ 期間の見積り（初期計画作成）

すべての機能にポイントが付けられた機能リストと開発速度の見積りがあれば、初期計画を作成することができる。仮に全機能の合計ポイントが100ポイント、1週間の開発速度を10ポイントと見積っていれば、全機能の開発は10週間程度で終えられそうという見通しが立てられる。当たり前だがこの見通しは当てずっぽうよりはまだマシという程度の精度でしかない。アジャイル開発で重要なのは継続してスケジュールを見直し続けることによってスケジュールの精度を高めていくことである。

## アジャイル開発におけるスケジュール管理

週末のピクニックの計画の立て方を例に、アジャイル型とウォーターフォール型のアプローチの違いを考えてみる。

ウォーターフォール型では事前にすべてのリスクを洗い出そうと試みる。天気予報が晴れだったとしても、晴れだけでなく、曇、雨、雪、台風、竜巻などの想定されるあらゆる天気の場合のプランや、大地震の発生などの不測の事態を想定したピクニック計画を立てる。これには膨大な時間がかかるため、とても今週末にピクニックへ行くことは難しい。ピクニック当日は計画どおりに進行することを重視するため、美味しそうなレストランをたまたま見つけたとしても計画を変えずに芝生でお弁当を食べる。

一方アジャイル型でも、晴れのプランだけでなく雨の場合のプランまでは想定して計画を立てるが、あらゆる事態を想定した計画までは立てない。まずは今週末にピクニックへ行くと決め、それまでの間に可能な範囲内で計画づくりを行なう。ピクニック当日は本来の目的、つまり週末のレジャーの満足度を基準として必要であれば柔軟に計画を変更していく。当初は芝生でお弁当を食べる予定だったとしても、美味しそうなレストランを見つけたら予定を変更してレストランで食事をとることもある。

なお、天気予報を見ず、お弁当も持たず、無計画で行き当たりばったりのピクニックに出かけ、突然の雨でずぶ濡れになり、適当なレストランを見つけられずにランチにもありつけないようなアプローチはアジャイル型のアプローチではない。アジャイル型のアプローチでも突然の雨に備えて折り畳み傘は持っていくし、魅力的なレストランがなければ当初の予定通り芝生でお弁当を楽しむ。

## 具体的な進め方

任意の期間の終了時に、実際に完了することができた機能のポイントの合計を毎回計測する。その結果をもとに開発速度の見積りを変更し、スケジュールの見直しを行う。

具体的には、全機能の合計ポイントが100ポイント、1週間の開発速度を10ポイントと見積っていたが、実際には8ポイント分の機能しか開発が完了できなかったとする 図3 。残りポイントが92ポイントで開発

速度を8ポイントと考えると、残り12週間（合計13週間）かかる可能性が出てきたことがわかる。この段階で発注者はその事実を受け止め、以下のような手段を検討することができる。

- 予算を追加し、開発人員を増やして開発速度を上げられないか検討する
- 期日を3週間後ろにずらせないか検討する
- 期日までに合計80ポイント分の機能を完了させることで問題にならないように調整する

ここで重要なのは、1週間経過した段階でこれらの検討を始められることだ（実際には2、3週間実施して開発速度が安定した段階で検討することが多い）。

==ウォーターフォール型のアプローチではプロジェクトの終盤で突然遅延が発覚することもある==。その段階で慌てて開発人員を増やそうとしたところで火に油を注ぐだけであり、その段階から期日や機能の調整を行うことも難しいだろう。

アジャイルでもウォーターフォールでも、どちらでも想定外の問題は必ず発生する。それがプロジェクトの早い段階から見えるか、プロジェクトの終盤になって突然見えるようになるかの違いと言えるだろう 図4 。

| 当初の予定 | | 1週間やった結果 | |
|---|---|---|---|
| 合計10ポイント分の機能群 | 1週目 | 合計8ポイント分の機能群 | 1週目 ←今ココ |
| 合計10ポイント分の機能群 | 2週目 | 合計8ポイント分の機能群 | 2週目 |
| 合計10ポイント分の機能群 | 3週目 | 合計8ポイント分の機能群 | 3週目 |
| 合計10ポイント分の機能群 | 4週目 | 合計8ポイント分の機能群 | 4週目 |
| 合計10ポイント分の機能群 | 5週目 | 合計8ポイント分の機能群 | 5週目 |
| 合計10ポイント分の機能群 | 6週目 | 合計8ポイント分の機能群 | 6週目 |
| 合計10ポイント分の機能群 | 7週目 | 合計8ポイント分の機能群 | 7週目 |
| 合計10ポイント分の機能群 | 8週目 | 合計8ポイント分の機能群 | 8週目 |
| 合計10ポイント分の機能群 | 9週目 | 合計8ポイント分の機能群 | 9週目 |
| 合計10ポイント分の機能群 | 10週目 | 合計8ポイント分の機能群 | 10週目 |
| | | 合計8ポイント分の機能群 | 11週目 |
| | | 合計8ポイント分の機能群 | 12週目 |
| | | 合計4ポイント分の機能群 | 13週目 |

図3 スケジュールの変更

図4 アジャイルとウォーターフォールの違い

# CHAPTER 4
## 03 開発前に準備しておくべき項目

システム開発を始める前に準備しておくべき項目について説明する。もちろんケースバイケースで違ってくることも多く、必ずしもすべてを事前に準備する必要はない。プロジェクトの状況に合わせて参考にしてほしい。

解説：藤村 新

### プロジェクトの目的、ゴールの共有

アジャイル開発では「インセプションデッキ」と呼ばれる10個の課題（質問）を使ってプロジェクトの目的、ゴールの共有を行うことが多い。関係者全員で集まって協働で答えを考えることが重要だ。

**インセプションデッキ**

① 我々はなぜここにいるのか？
　プロジェクトが始まった理由は何か
② エレベーターピッチ
　アイデアの本質は何か
③ パッケージデザイン
　顧客に訴求する要素は何か
④ やらないことリスト
　プロジェクトのスコープの境界線はどこか
⑤「ご近所さん」を探せ
　関係者は誰か
⑥ 解決案を描く
　システムアーキテクチャはどうするか
⑦ 夜も眠れない問題
　リスクは何か
⑧ 期間を見極める
　期間はどれぐらいか
⑨ 何を諦めるのか
　何を優先して何を諦めるのか
⑩ 何がどれだけ必要か
　コストはどれぐらいかかりそうか

詳しくは『アジャイルサムライ――達人開発者への道』（Jonathan Rasmusson 著，西村 直人・角谷 信太郎 監訳，近藤 修平・角掛 拓未 訳／オーム社）を参照してほしい。インセプションデッキのテンプレートもGithub上で公開されている 図1 。

### 開発言語、開発フレームワークの選定

プログラミング言語は何を使うのか、アプリケーションフレームワークは何を使うのかを決定する。基本的には開発チームのメンバーが使い慣れている言語をベースに、プロジェクト要件との相性、エンジニアのモチベーション、世の中のトレンドなどを考慮して決定する。

### 学習、トレーニング

プログラミング言語、アプリケーションフレームワークなどの技術や、アジャイル開発などの開発プロセスに不慣れなメンバーがいる場合は学習期間が必要だ。アジャイル開発の学習方法についてはCHAPTER 4-08（→P114）を参考にしてほしい。

### 技術検証

プロジェクトで利用予定の難易度が高い技術は事前に最低限の検証を実施する。その結果次第で技術の再選定、開発言語やアプリケーションフレームワークの変更、場合によってはプロジェクトの中止もありうる。

## 完成の定義

アジャイル開発ではひとつ一つの機能を優先順位順に完成させていくが、その際に開発者間で完成の定義を合わせておくことが必要だ。完成の定義は次のような項目が考えられる。

**完成の定義の例**
- ソースコードがすべてバージョン管理システムにチェックイン(保存)されている
- すべての単体テストに合格している
- すべての結合テストに合格している
- ソースコードの静的解析で問題がない
- ソースコードレビューが完了している

なお、完成の定義は全機能共通の定義であり、機能ごとに設定される受け入れ条件の両方を満たして、はじめてその機能は完成と判断される。

## 開発環境の構築

開発者の個人開発環境、結合テスト環境を構築する。通常、個人開発環境は開発者のPC上に構築し、結合テスト環境はサーバー上に構築する。それぞれの環境のOS、ミドルウェア、ライブラリなどはバージョン含めて可能な限り同じ環境を用意しなければならない。そうしないと、開発環境と結合テスト環境での挙動が異なるという問題が発生する可能性がある。以前はWikiなどに書かれたマニュアルに沿って手動で環境構築することが多かったが、最近では仮想化技術やインフラ構成管理ツールを使って自動で環境構築することが多い。

また、完成の定義の例に書いた、単体テスト、結合テスト、静的解析は、ソースコードをバージョン管理システムにチェックインした段階で自動で実行するように設定するとよい。このような自動化は「継続的インテグレーション」と呼ばれ、開発が始まる前に環境を構築しておく。

## チームのルールの決定

次のようなルールも開発が始まる前に決めておく。

- コーディングルール(プログラムの書き方)
- バージョン管理システムの運用ルール
  (Git flow、GitHub flow、GitLab flowなど)
- ドキュメントの種類やフォーマット、格納場所
  (Dropbox、Google Driveなど)やフォルダ構成
- 会議体の種類、時間、場所

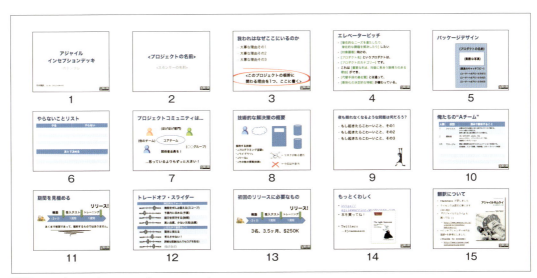

**図1** インセプションデッキのテンプレート(日本語版)
GitHub内公開ページ:https://github.com/agile-samurai-ja/support/tree/master/blank-inception-deck
原文:https://agilewarrior.wordpress.com/2010/11/06/the-agile-inception-deck/
原著者:Jonathan Rasmusson

# CHAPTER 4 04 システム設計の基礎知識

ここでは何のためにシステム設計を行うのか、従来型の「手続き型設計」と「オブジェクト指向設計」との違い、オブジェクト指向設計をベースにした「ドメインモデル」とは、ドメインモデルを中心に据えたドメイン駆動設計の紹介までを見ていこう。

解説：藤村 新

## 手続き型設計からオブジェクト指向設計へ

システム開発は、開発者が自由に処理を書いて動けばよいというものではない。処理をどの部分に書くのがよいかを適切に判断することが設計である。

従来の手続き型の設計では、業務データを格納するプログラムと、業務ロジックを記述するプログラムに分けることが基本であった。しかし、この方法ではプログラム内のどこからでも業務データを格納するプログラムを呼び出せるため、同じ業務ロジックがプログラム内のあちこちに重複して書かれてしまい、プログラムの見通しが非常に悪くなるという欠点があった。

それに対して「オブジェクト指向」の設計は、業務データとそのデータに対する処理（業務ロジック）をいっしょに考え、「オブジェクト」というひとつのプログラミングの単位にまとめて整理する。オブジェクトはデータとメソッド（処理）を複数持つことができる。

生年月日と年齢を例にして、手続き型設計とオブジェクト指向設計の違いを説明しよう 図1 。

手続き型設計では、生年月日だけを記録するプログラムと、年齢を計算するプログラムを分けて考える。そのため、プログラム内の年齢を使用するすべての場所に、生年月日を取得する処理と生年月日から年齢を計算する処理が書かれることになる。

一方、オブジェクト指向設計では年齢が知りたいということであれば年齢オブジェクトをつくる。年齢オブジェクトは生年月日データと、それを使って年齢を計算するメソッドを持っているので、年齢を使用する

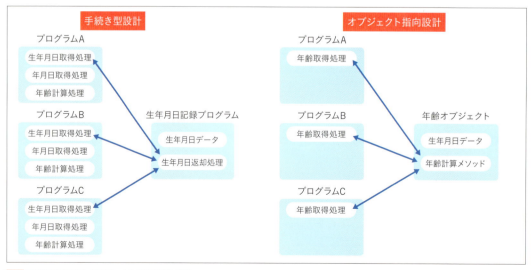

図1 手続き型設計とオブジェクト指向設計の違い

プログラムは年齢オブジェクトを呼び出すだけで年齢を取得することができる。

## ドメインオブジェクトとドメインモデル

オブジェクト指向で設計する場合には、どういった単位でオブジェクトをつくっていけばよいだろうか。その取っかかりとなるのが「ドメイン」だ。この場合のドメインとは、Webサービスや業務システムの対象における業務領域のことで、具体的には「商品」「数量」「金額」「配送日」「配送先」「請求先」などの小さな部品や、それらをまとめた「注文」などがドメインとなる。

これらのドメイン単位でつくられるオブジェクトを「ドメインオブジェクト」という。オブジェクト名やオブジェクトが持つデータ名、メソッド名に業務用語をそのまま使うと、プログラム自体が業務の用語集や業務の説明書として機能するというメリットが得られる。

ドメインオブジェクトを集めて、業務全体を体系的に整理したものを「ドメインモデル」という 図2 。ドメインモデルの基本は、現実の業務の中で使われている具体的な言葉の単位で業務ロジックを整理することである。

ドメインモデルをつくる際は、前述したようにドメインとオブジェクトの対応を一致させるところから始めるとよいだろう。

ただし、それだけではうまく整理できない部分も必ず出てくる。整理できない部分があきらかになったら、次はそこに集中してもっとうまく整理できる抽象的な概念を考え適用させていく。

ドメインモデルを使った設計は一度つくって動けば完成というわけではない。実際に部品として使ってみて、その使い勝手を確認しながら改善を続けることが重要である。

## ドメイン駆動設計とは

「ドメイン駆動設計」とはドメインモデルを中心に、プログラムを常にドメインモデルと一体化させながら、反復的に設計を繰り返すことでより価値の高いシステムを開発していこうとする考え方のパターン集である。

参考書籍を紹介するので、理解を深めたい方はこちらを参考にしてほしい。

- 『現場で役立つシステム設計の原則』
  （増田 亨 著／技術評論社）
- 『エリック・エヴァンスのドメイン駆動設計』
  （Eric Evans 著, 今関 剛 監訳, 和智 右桂・牧野 祐子 訳／翔泳社）
- 『実践ドメイン駆動設計』
  （Vaughn Vernon 著, 髙木 正弘 訳／翔泳社）

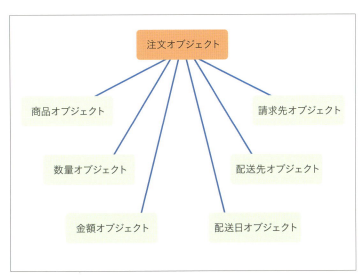

図2 ドメインモデル

# CHAPTER 4 05 ひとつの機能に必要となるパターンの設計

システム開発を進める上で、主となる機能とそれに付随する機能のパターンを事前に想定して設計を行う必要がある。ここではユーザーストーリーを使った機能の洗い出しの進め方について具体的な例を使って説明する。

解説：藤村 新

## ユーザーストーリーとは

アジャイル開発では機能をユーザーストーリー形式で表現することが多い。ユーザーストーリーの代表的な記述フォーマットは図1のようなものだ。

見てわかるとおり、ユーザーストーリーはシンプルな形式で完全な仕様にはなりえない。アジャイル開発では対話を重視しており、ユーザーストーリーはその対話の「きっかけ」として使う。

このフォーマットで重要なのは、「＜機能＞」だけでなく、実際に使う「＜ユーザーの役割＞」と、その「＜目的＞」も書かれていることだ。

開発を進めていると目的を達成するためのよりよい手段が思いつくかもしれないが、その場合は「＜機能＞」の変更を積極的に検討しよう。大切なのは、「＜ユーザーの役割＞」の「＜目的＞」を実現することであって、決して最初に考えた「＜機能＞」をその通りに開発することではない。

## 機能パターンの洗い出し

ここでは書店にある書籍検索システムの検索機能を例として、必要となる機能パターンの洗い出しの進め方を説明していく。なお、ユーザーストーリーを使った機能の洗い出しは、発注者と受注者（プロジェクトマネージャー、開発者など）が同席のもと、対話を中心に

---

＜ユーザーの役割＞として、

＜機能＞がほしい。

なぜなら、＜目的＞だからである。

**図1** ユーザーストーリーの記述フォーマット

---

＜書店利用者＞として、

＜書籍を検索＞したい。

なぜなら、＜欲しい書籍の在庫があるか、ある場合はどの本棚にあるかを知りたい＞からである。

**図2** 最初のユーザーストーリー

---

＜書店利用者＞として、

＜書籍名で検索＞したい。

- - - - - - - - - - - - - - - - - - - - - - - -

＜書店利用者＞として、

＜著者名で検索＞したい。

- - - - - - - - - - - - - - - - - - - - - - - -

＜書店利用者＞として、

＜出版社名で検索＞したい。

**図3** 検索機能の分割

進めていく。

まずは書籍検索機能のユーザーストーリーを書き出してみる 図2 。

当たり前だが、このユーザーストーリーだけではあまりに大雑把すぎるため、このユーザーストーリーを小さく分割していく。

まず書店利用者が何の情報を手がかりに書籍を検索したいかを取っかかりにして考えていく。なお、目的の部分が自明の場合は、省略してもかまわない 図3 。

ここまで書き出した段階で、図4 のようにこれらすべてを横断して検索するというアイデアが浮かぶかもしれない。しかしながら、このユーザーストーリーでは省略している「＜目的＞」をうまく書くことは難しいだろう。「＜書籍名で検索＞」したい「＜書店利用者＞」は、書籍名を使って著者名や出版社名を検索したいわけではないからである。

次に、検索結果に着目してユーザーストーリーを書き出していく 図5 。

ここで「在庫の場所を把握」という機能が曖昧なため、さらに分割していく 図6 。

ここで気をつけたいのは、地図を表示することやプリントアウトすることが目的となってしまい、元々の「場所を把握」したいという目的が忘れられてしまうことだ。ここでの進め方のように、発注者、受注者同席のもと、ユーザーストーリーの洗い出しや分割を繰り返しておけば、元々の機能の目的が参加者の記憶に残り、あとからユーザーストーリーを見たときに対話を思い出すことができる。このように、==ユーザーストーリーは対話のきっかけとしてだけではなく、記憶を呼び起こす索引の役割も果たす==。

書籍検索機能のユーザーストーリーの洗い出しをひと通り行ってみた。これらユーザーストーリーごとのUIの設計、ユーザーの行動パターンの想定、想定外の対応などについては、次節で説明する。

---

＜書店利用者＞として、

＜キーワード（書籍名または著者名または出版社名）で検索＞したい。

**図4 目的を見失った例**

---

＜書店利用者＞として、

＜検索した書籍の在庫があるのかを把握＞したい。

＜書店利用者＞として、

＜検索した書籍の在庫が無ければ取り寄せ＞したい。

＜書店利用者＞として、

＜検索した書籍の在庫の場所を把握＞したい。

**図5 検索結果に着目したユーザーストーリー**

---

＜書店利用者＞として、

＜検索した書籍の在庫がある本棚番号を認識＞したい。

＜書店利用者＞として、

＜検索した書籍の在庫がある本棚の場所を書店内地図で確認＞したい。

＜書店利用者＞として、

＜検索した書籍の在庫がある本棚の場所の書店内地図をプリントアウト＞したい。

**図6 分割したユーザーストーリー**

# CHAPTER 4
## 06 ユーザーの行動パターンを想定したUIの設計

前節で洗い出した機能について、UIはどうするか、ユーザーが想定外の操作を行った場合にどう振る舞うかなどについても開発前に設計する必要がある。その具体的な進め方について説明する。

解説：藤村 新

## ユーザーストーリーとセットで考えること

機能を設計する上で、ユーザーストーリーとともに、画面仕様（画面デザイン、画面フローなど）と受け入れ条件についても事前に検討する必要がある。ユーザーストーリー、画面仕様、受け入れ条件を使ってユーザーの行動パターンを想定したUIの設計を進めていく。

## 画面仕様とは

画面をともなうシステムを開発する場合、画面仕様が必要だ。従来の開発の進め方ではExcelなどを使って詳細な画面デザインを行ってきた。各要素に番号をつけ、説明文を別途書き出し、要素の追加などの変更があると連番の振り直しを行うなど、ちょっとした変更に多大な手間と時間をかけてきた。

最近では画面仕様の変更が発生することを前提として、初期の画面デザインには可能な限り手間と時間をかけないようになってきている。具体的には紙に手書きしたり（ペーパープロトタイピング）、ホワイトボードに書いて写真に撮ったりするなどして最初の画面デザインを決める。開発を進める中でよりよいアイデアが浮かんだり、要素の追加などがあればすぐに書き直す。何度も書き直すことによって完成度を上げていき、ある程度見通しが立った段階でデザイナーが画面デザインを行うとよい。

## 受け入れ条件とは

受け入れ条件とは、何が実現できたらそのユーザーストーリーを完了と判断できるかを具体的に記述したものである。なお、すべてのユーザーストーリーに共通する完了条件は、「完成の定義」として別にまとめて定義しておく（→P103）。

## 具体的な進め方

前節で洗い出したユーザーストーリーを例にして、画面仕様と受け入れ条件を考えてみる 図1 。

### 画面仕様

想定される画面イメージは 図2 図3 のようになる。

### 受け入れ条件

想定される受け入れ条件は次のようになる。

---

＜書店利用者＞として、

＜書籍名で検索＞したい。

---

図1 ユーザーストーリー

図2 検索画面

- 検索ボックスに検索文字列を入力して検索ボタンを押すと、検索結果ページに遷移する
- 該当する書籍があった場合、検索結果ページには検索文字列が書籍タイトルに部分一致する書籍の一覧が表示される
- 該当する書籍がなかった場合、見つからなかった旨を促す適切なメッセージが表示される
- 何も入力しないで検索ボタンを押すと、入力を促す適切なエラーメッセージが表示される
- 20文字を超える文字列を入力して検索ボタンを押すと、文字数オーバーを伝える適切なエラーメッセージが表示される

この例のように、正常なケース(検索結果あり、なし)、期待とは異なるケース(未入力、文字数オーバー)の挙動をそれぞれ書き出しておくと、受注者(開発者)は迷いなく開発できる。

開発終了後、発注者は自らの手でシステムを操作し、すべての受け入れ条件が満たされていることを確認した上でユーザーストーリーを完成と判断する。なお、受け入れ条件はテスト項目書ではない。機能が発注者の意図通りにできているか、このユーザーストーリーは完成として次のユーザーストーリーの開発に移ってもよいかの判断基準のためのものであって、テスト項目は別途用意する必要がある。

## 適切なエラーメッセージについて

エラーメッセージには次の2種類がある。

- 対ユーザー向けのエラーメッセージ
- 対開発者向けのエラーメッセージ

どちらにも共通することだが、メッセージにはそのエラーをどうやって直すのかのヒントが含まれている必要がある。

### 対ユーザー向けエラーメッセージ

図4 の受け入れ条件の、対ユーザー向けの適切なエラーメッセージについて考えてみる。

単に不正と言われても、具体的にどうすればエラーを回避できるのかがわからないと利用者のストレスになる。具体的に何が不正であって、どうすればエラーが発生しないかまでを書くのが望ましい。

### 対開発者向けのエラーメッセージ

次に、データベースに接続できずに検索処理が実行できなかった場合の、対開発者向けの適切なエラーメッセージについて考えてみる 図5。

システムの内部情報(ユーザー名、ホスト名、データベース名)を一般利用者に対して表示するべきでない。なぜならば悪意のある利用者に不正処理のヒントを与えてしまう可能性があるからだ。このような情報は外部からは閲覧できないログファイルに出力し、画面上にはトラブルが発生した旨と、システム管理者が概要を理解するためのエラーコードを表示するのが望ましい。システム管理者はエラーコードとシステムログを参考に、エラーの対応を行うことができる。

なお開発中に限っては、画面上に詳細なエラー情報を表示することによって開発効率の向上を図ることも一般的に行われている。

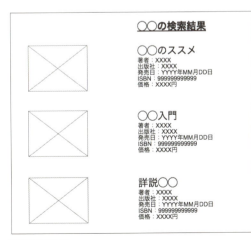

図3 検索結果

| 悪い例 | 入力が不正です |
|---|---|
| よい例 | 検索文字列は20文字以内で入力してください |

図4 対ユーザー向けエラーメッセージの例
20文字を超える文字列を入力して検索ボタンを押すと、文字数オーバーを伝える適切なエラーメッセージが表示される

| 悪い例 | Access denied for user 'ユーザー名'@'ホスト名' to database 'データベース名' |
|---|---|
| よい例 | システムエラー[エラーコード]が発生しました。お手数ですが、書店スタッフにお声がけください |

図5 対開発者向けのエラーメッセージの例

# CHAPTER 4
## 07 代表的な開発モデルと選定のポイント

代表的なシステム開発モデルとして、「ウォーターフォール型」開発モデル（以下ウォーターフォール）と「アジャイル型」開発モデル（以下アジャイル）がある。ここではそれぞれの開発モデルの特徴、比較、また選定のポイントなどを説明する。

解説：藤村 新

### 開発プロセスと開発モデル

「システム開発プロセス」とは、その名の通りシステム開発の手順のことだ。手順には、一般的に計画、設計、実装、テストなどが含まれる。これらの手順をどのように進めるか定義したものを「開発モデル」という。

代表的な開発モデルとして、計画に従うことを重視するウォーターフォールと変化を受け入れることを重視するアジャイルがある。

### ウォーターフォールの特徴

ウォーターフォールは、計画駆動、計画重視の開発モデルだ。システム開発を計画、設計、実装、テストなどのフェーズに分け、最終成果物とは別にフェーズごとの中間成果物を定義する。

フェーズとフェーズの間ではその中間成果物をチェックし、問題がないと判断されれば次のフェーズへ移動する。中間成果物は文書であることが多い。

一般的には一度フェーズを通過すると前のフェーズに戻ることは少ない。発注者が動作するシステム（最終成果物）を実際に確認することができるのはプロジェクトの最終段階であり、想定と違ったシステムだった場合でも変更は難しい 図1 。

### アジャイルの特徴

アジャイルは、変化駆動、変化前提の開発モデルだ。「イテレーション」（スプリント）と呼ばれる一定の期間を設け、イテレーションの中で計画、設計、実装、テストを何度も繰り返す。1イテレーションは1週間～4週間程度の期間を設定するが、Webアプリケーション開発では1週間、もしくは2週間にすることが多い。イテレーションの終わりには動作するシステムが完成していることが重要だ。

発注者を含む関係者全員が動作するシステムをイテレーションごとに評価することができるため、想定と違ったシステムだった場合は、その修正を次のイテレーションの計画に含めることができる。

また、たとえ想定通りのシステムだったとしても実際に手に取って使ってみることによって新しいアイデアが出てくるケースも多い。その場合でもそのアイデ

図1 ウォーターフォールの流れ

アを次回以降のイテレーションの計画に含めることができる 図2 図3 。

アジャイルの始め方については次節を参考にしてほしい。

## ウォーターフォールとアジャイルの比較

ゴールが変わった場合の、ウォーターフォールとアジャイルのアプローチの違いを 図4 に示す。この図のように、ウォーターフォールは最初に決めたゴールに向かって最短距離で一直線に向かうイメージだ。当初のゴールが変わってしまった場合のロスは大きい。一方アジャイルは、イテレーションごとに今現在のゴールの位置を確認し、都度方向を変えていくイメージになる。

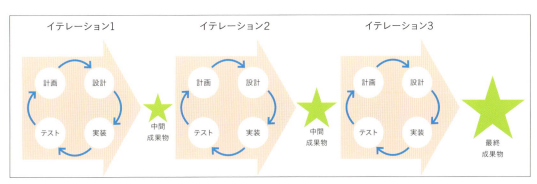

図2 アジャイルの流れ

| 開発手法 | 概要 |
| --- | --- |
| スクラム | P113コラム参照 |
| XP（エクストリーム・プログラミング） | XPはケント・ベックが提唱したソフトウェア開発手法。開発現場においてよいとされる行動指針が「プラクティス」と呼ばれる形でまとめられている。代表的なプラクティスとして、ペアプログラミング、テスト駆動開発、リファクタリングなどがある |
| リーン開発 | リーン開発とは「トヨタ生産方式」の原則をソフトウェア開発に適用した開発手法。リーン開発の原則として、全体最適化、ムダをなくす、品質をつくり込む、改善を続けるなどがある |
| かんばん | トヨタで使われていたかんばんをソフトウェア開発に適用した開発手法。かんばんのルールとして、ワークフローの可視化、仕掛り（やりかけの作業）作業の制限、サイクルタイムの測定がある |

図3 代表的なアジャイル開発手法

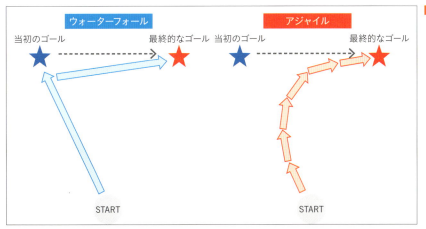

図4 ウォーターフォールとアジャイルの比較
（ゴールへのアプローチ）

そのほかウォーターフォールとアジャイルの違いを、図5の表にまとめる。

## 開発プロセスの選定のポイント

開発プロセスを選定する際にチェックするべきポイントを説明する。

### つくりたいものがプロジェクトの途中で変わるか

アジャイルではつくりたいものが変わっていないかをイテレーションごとに何度も確認する。そのため、もしプロジェクトの最初の段階からつくりたいものが一切変わらないのであれば無駄が多い。つくりたいものが変わりそうであればアジャイル、変わらなそうであればウォーターフォールを選択するとよい。

### QCDSに交渉の余地があるか

アジャイルは、QCDS（品質、予算、期日、スコープ）をプロジェクト中に調整しながらビジネスの成功を目指す。一般的に、品質、予算、期日は変えられない場合が多いため、アジャイルはスコープ（つくる機能）を可変にして現実的に実行可能なスケジューリングを行っていく。後から思いついた機能をスコープに含めることができるなど、発注者のメリットも大きい。もしQCDSすべてを一切変更することができないならば、アジャイルを選択するメリットは少ないためウォーターフォールを選択するとよい。

### メンバーのスキルアップが望めるか

アジャイルではイテレーションごとに計画を見直すため、個々のメンバーやチームのスキルアップも順次計画に反映させていくことができる。プロジェクトを通してメンバーのスキルアップが望めそうであればアジャイルを選択とよい。チームの成長に伴って開発スピードも上がり、空いた時間を当初スコープに入っていなかった機能の開発や、開発済み機能の品質向上に充てることができる。

一方ウォーターフォールでは、プロジェクトを通して同じスキルレベルを想定した計画を立てる。

### 新しいソリューションが見つかりそうか

アジャイルでは当初想定していなかったよりよいソリューションが見つかった場合でも直ちに取り入れ、計画を変更することができる。不確定要素が多く、当初想定しているソリューションが最適かどうかがプロジェクトの初期段階であきらかでない場合はアジャイルを選択するべきだ。

ウォーターフォールでは計画に従うことを重視するため、たとえよりよいソリューションが見つかった場合でも計画を変更してまで採用することは少ない。プロジェクト期間中にソリューションを変更する可能性が低い場合は、ウォーターフォールを選択するとよい。

| 相違点 | ウォーターフォール | アジャイル |
| --- | --- | --- |
| 重視すること | 計画に従うこと | 計画を見直すこと |
| 不確実性に対して | 事前にすべて予見しようとする | 事前にすべて予見することを諦める |
| 進捗の確認 | フェーズ間の中間成果物（文章） | 各イテレーション終了時の動作するシステム |
| 動作するシステムを手に取れるタイミング | プロジェクトの最終段階 | 各イテレーション終了時 |
| 計画を見直すタイミング | 計画からずれたとき | 各イテレーション終了時 |

図5 ウォーターフォールとアジャイルの特徴を比較

## COLUMN

### スクラムについて

スクラムでは、3つの役割 図1 、5つのイベントと3つの成果物 図2 が定義されている。プロジェクトチームを3つの役割に分け、スプリントと呼ばれる一定の期間内に5つのイベント（スプリントもイベントのひとつ）を実施し、3つの成果物を作成する。

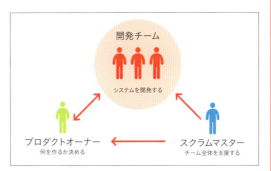

図1 スクラムを構成する3つの役割

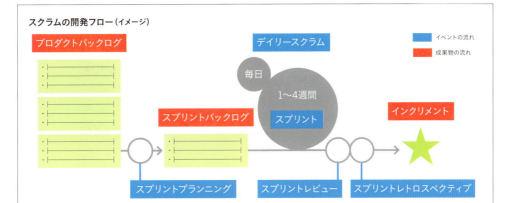

| イベント | 概要 |
| --- | --- |
| スプリント | 繰り返し行われる一定の開発期間のこと |
| スプリントプランニング | スプリント内で何を開発するかを計画するミーティング |
| デイリースクラム | 毎日行う情報共有ミーティング |
| スプリントレビュー | スプリント内で開発が完了した機能のレビューミーティング |
| スプリントレトロスペクティブ | スプリントの最後に行う改善ミーティング |

| 成果物 | 概要 |
| --- | --- |
| プロダクトバックログ | 優先順位順に並んだ開発予定の全機能リスト |
| スプリントバックログ | スプリント内で開発する機能リスト |
| インクリメント | 開発済みの全機能に今回のスプリントで開発した機能を合わせた、正常動作するシステム |

図2 5つのイベントと3つの成果物

スクラムはルールが厳密に決められており、そのすべては『スクラムガイド』に記載されている。日本語にも翻訳されており、文章も18ページ程度と簡潔に書かれているため、ぜひ一度目を通してほしい。

『スクラムガイド』ダウンロードページ
http://www.scrumguides.org/docs/scrumguide/v2016/2016-Scrum-Guide-Japanese.pdf

解説：藤村 新

# CHAPTER 4
## 08 アジャイル開発の始め方

「今回のプロジェクトは不確定要素が多い」「発注者に早い段階から動くシステムを見せたい」などの理由で、現場の開発プロセスをウォーターフォールからアジャイルへ変更したいことがある。その際のアジャイルの始め方、気をつけるべきポイントについて説明する。

解説：藤村 新

## ■ 開発プロセスをアジャイルに変更する理由

ここではウォーターフォールからアジャイルへの変更について、ぜひ変更を検討したほうがよい場合と、今一度考え直したほうがよい場合を考えてみる。

### 変更を検討したほうがよい場合

- ゴールが明確に決まっておらず、開発を進めながらゴールも定めていきたい
- プロジェクトの早い段階から動くシステムを見たいと発注者から求められている
- 利用する予定のソリューションについての知見が十分になく、プロジェクトの途中でソリューションの変更も想定される

これらの理由であれば、ぜひウォーターフォールからアジャイルへの変更を検討するべきだ。

### 今一度考え直したほうがよい場合

- 上司がアジャイルで開発しろと言っているから
- ドキュメントは少なくてよい、要件定義もあまりやらないなど楽そうに思えるから
- アジャイル使えば安くて早く開発ができそうだから

これらの理由でアジャイルを導入すれば恐らく失敗することになるだろう。開発プロセスの特徴をしっかりと理解し、プロジェクトの特性に合わせて最適な開発プロセスを選択しよう。

## ■ アジャイルについて学ぶ

アジャイルを始めるにあたって、まずはしっかりとアジャイルの考え方を学ぶ必要がある。ウォーターフォールで開発する場合と同じ考え方で、小手先のやり方だけアジャイルを取り入れたところでプロジェクトの成功は望めないだろう。

まずはチームメンバーや関係者全員がアジャイルやアジャイル開発手法のひとつであるスクラム（→P113）についてしっかりと理解する必要がある。アジャイル開発の学び方について、いくつかの方法を提案するのでぜひ参考にしてほしい。

### アジャイルの原点を理解する

アジャイルの本質を理解するためにも、まずは『アジャイルマニフェスト』（アジャイルソフトウェア開発宣言）図1 と『アジャイルソフトウェアの12の原則』図2 を読むことをお勧めする。これらがアジャイルの原点だ。
「アジャイルソフトウェア開発宣言」のページに記載されている宣言を引用する。

「アジャイルソフトウェア開発宣言

私たちは、ソフトウェア開発の実践
あるいは実践を手助けをする活動を通じて、
よりよい開発方法を見つけだそうとしている。
この活動を通して、私たちは以下の価値に至った。

プロセスやツールよりも個人と対話を、
包括的なドキュメントよりも動くソフトウェアを、

契約交渉よりも顧客との協調を、
計画に従うことよりも変化への対応を、
価値とする。すなわち、左記のことがらに価値があることを認めながらも、私たちは右記のことがらにより価値をおく。

Kent Beck　　　　James Grenning　　Robert C. Martin
Mike Beedle　　　Jim Highsmith　　　Steve Mellor
Arie van Bennekum　Andrew Hunt　　　Ken Schwaber
Alistair Cockburn　 Ron Jeffries　　　Jeff Sutherland
Ward Cunningham　Jon Kern　　　　　Dave Thomas
Martin Fowler　　　Brian Marick

© 2001, 上記の著者たち
この宣言は、この注意書きも含めた形で全文を含めることを条件に自由にコピーしてよい。」

ここで一点気をつけなければならないのは、「左記のことがらに価値があることを認めながらも」という点だ。この点を見落としてマニフェストを読んでしまうと、アジャイルはドキュメントを書かない、計画を立てないなど、誤った理解をしてしまうことがあるため注意が必要だ。

## 書籍を読む

アジャイルの書籍は数多くの良書が出版されているが、ここでは筆者のお勧めの書籍の一部を紹介する。

『アジャイルサムライ―― 達人開発者への道』
（Jonathan Rasmusson 著, 西村 直人・角谷 信太郎 監訳, 近藤 修平・角掛 拓未 訳／オーム社）
　日本でのアジャイルの普及に大きく貢献した本。「道場」と呼ばれる読書会も全国各地で開かれた。

『SCRUM BOOT CAMP THE BOOK』
（西村 直人・永瀬 美穂・吉羽 龍太郎 著／翔泳社）
　はじめて「スクラム」をやる人を対象に、マンガを踏まえて大変わかりやすく解説している。

『アジャイルな見積りと計画づくり』
（Mike Cohn 著, 安井 力・角谷 信太郎 訳／マイナビ出版）
　実際にアジャイルを始めると最初にぶつかるのが計画の立て方だ。実践的な計画の立て方が詳細に書かれている。

『リーン開発の現場』
（Henrik Kniberg 著, 角谷 信太郎 監訳, 市谷 聡啓・藤原 大 訳／オーム社）
　リーンソフトウェア開発とかんばんについて事例を元に解説した本。

図1　アジャイルマニフェスト
http://agilemanifesto.org/iso/ja/manifesto.html

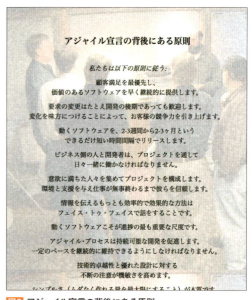

図2　アジャイル宣言の背後にある原則
http://agilemanifesto.org/iso/ja/principles.html

『エッセンシャルスクラム』
（Kenneth Rubin 著、岡澤 裕二・角 征典・髙木 正弘・和智 右桂 訳／翔泳社）

アジャイル、スクラムについて、網羅的に詳しく説明している教科書的な本。

## コミュニティに参加する

コミュニティに参加して、実践者や同じ悩みを抱える初心者と交流することも上達の近道だ。

### アジャイルひよこクラブ

アジャイル初心者でも安心して参加できるコミュニティ。ゲストとして招いた有識者の話を聞いたり、有識者に相談することで理解を深めることができる。

https://agile-hiyoko-club.connpass.com/

### Scrum Masters Night!

まずはじめに参加者が議論したい課題を出し合って投票を行い、投票数上位の課題ごとにグループに分かれてディスカッションを行う。ファシリテーター役も参加者から募るので、ファシリテーションの経験を積むこともできる。

https://smn.connpass.com/

### アジャイルディスカッション

Scrum Masters Night!と同じく、課題を出し合って、課題ごとにグループに分かれてディスカッションを行う。ビールを飲んだりピザを食べながらディスカッションを行うなど、とてもアットホームな雰囲気のコミュニティ。

https://agile-discussion.doorkeeper.jp/

## イベントに参加する

日本で開催されている代表的なアジャイルのカンファレンスを紹介する。多くのセッションやワークショップに参加することで、一気に理解を深めることができる。どのイベントも登壇者を公募しているので、アジャイル開発に挑戦したあとはぜひ発表にもチャレンジしてほしい。

### Regional SCRUM GATHERING Tokyo

Scrum Allianceが主催する国際的なカンファレンスの東京開催版。

### Agile Japan

国内最大級のアジャイルイベント。

### XP祭り

日本XPユーザグループ（XPJUG）が主催しているイベント。毎年実行委員も公募している。

## 研修に参加する

値段は高いが、基礎からしっかりと学ぶのであれば研修に参加するのが一番だ。

### 認定スクラムマスター（CSM）研修／認定スクラムプロダクトオーナー（CSPO）研修

アジャイル開発の手法のひとつであるスクラムの研修としては、スクラムの普及促進のための団体「Scrum Alliance」が行う認定スクラムマスター（CSM）研修、認定スクラムプロダクトオーナー（CSPO）研修が有名だ。国内でも2ヶ月に1回程度開催されている。

https://www.scrumalliance.org/

### レゴ®ではじめるスクラム体験／レゴスクラム

ワイクル株式会社が提供している半日の入門コース。座学とワークショップの組み合わせのコースで、実際のスクラムの流れを体験できる。

https://www.waicrew.com/training/scrum/

## コーチを呼ぶ

プロジェクトの最初の段階からコーチに入ってもらうのもひとつの選択肢として考えたい。アジャイルコーチとして実績豊富な会社を紹介する。

● ギルドワークス株式会社（https://guildworks.jp/）
● 株式会社アトラクタ（https://www.attractor.co.jp/）

## 「守破離」の考え方

次に、アジャイル、特にスクラムを行う上で重要な考え方である「守破離」について説明する。

「守破離」とは、元々は兵法用語で、その後茶道に取り入れられ、『道』の指針となった言葉だ。

守
- ルールに従う
- 型を体で覚える

破
- 工夫してみる
- 何かを変えたらどうなるかを実験する

離
- ルールを忘れる
- 新たな型をつくり出す

　スクラムを実践する上では、まず「守」のフェーズをしっかりと行って、型（スクラムのルール）を体で覚えることが重要だ。「守」のフェーズをすっ飛ばしていきなりルールを変えてしまうチームも多く見受けられるが、そういったチームは大抵スクラムの本来の効果を得られず、結局やめてしまう場合も多い。「型があったら型破り、型がなければ形なし」という言葉もあるとおり、まずはしっかりと型を身につけることを徹底してほしい。そうすれば間違いなく効果を体感できるだろう。

## アジャイルプラクティス

　CHAPTER 4-02（→P098）で紹介した「ユーザーストーリーマッピング」や「プランニングポーカー」、CHAPTER 4-03（→P102）で紹介した「インセプションデッキ」、CHAPTER 4-05（→P106）で紹介した「ユーザーストーリー」などは、アジャイルの「プラクティス」と呼ばれる。

　CHAPTER 4-07（→P110）で紹介した「XP」（エクストリーム・プログラミング）は、それ自体がプラクティス集でもある。

　アジャイル開発を行う場合、これらプラクティスを組み合わせて実践することになるが、プラクティスは2つのタイプに分けることができる。ひとつはチームで協働するためのプラクティス（協働プラクティス）、もうひとつは高速で開発するための技術プラクティスだ。今まで紹介したプラクティスの中で、協働プラクティスに該当するのは以下のプラクティスだ。

協働プラクティス
- ユーザーストーリー
- ユーザーストーリーマッピング
- プランニングポーカー
- インセプションデッキ
- かんばんによる見える化
- スクラムのイベント（デイリースクラム、レトロスペクティブなど）

　一方、技術プラクティスに該当するのは、主にXP（エクストリーム・プログラミング）のプラクティスとなる。

技術プラクティス
- ペアプログラミング
- テスト駆動開発
- リファクタリング

　どちらか一方の取り組みだけで、アジャイル開発を成功させることは難しい。アジャイルのマインドを理解し、両方のプラクティスをしっかりと実践することで、はじめてアジャイル開発を成功させることができる。

　なお、株式会社永和システムマネジメントの代表取締役社長である平鍋健児氏は、自身のブログでこの2つのプラクティス群を、それぞれアジャイルの「ライトウィング」、「レフトウィング」と定義し、大変わかりやすく説明している 図3 。ぜひ参考にしてほしい。

**図3** アジャイルの「ライトウィング」と「レフトウィング」
http://blogs.itmedia.co.jp/hiranabe/2012/09/rightwing-and-leftwing-of-agile.html

## CHAPTER 4
## 09 環境を自前で構築しなくても開発できる

クラウド・コンピューティングを使うと、環境、特にインフラを自前で構築しなくても開発・運用ができる。さらに、コストダウン、拡張性の向上、耐障害性の向上などメリットも多い。メリットとデメリットを見極め、賢く利用しよう。

解説：岩瀬 透（アイソフト株式会社）

### クラウド・コンピューティング

「クラウド」とは、自前で環境を所有せずとも、インターネット経由で仮想的なインフラやプラットフォームを立ち上げ、運用することができる仕組みである。実態として動いているマシンやネットワークが見えず、まるで雲の中にあることから、クラウドと呼ばれる。対して物理的なサーバーマシンやネットワーク機器を構築した環境を「オンプレミス」という。

クラウドという用語の初出は、GoogleのCEOエリック・シュミットによる2006年の発言だとされる。その後Amazon EC2（Elastic Compute Cloud）でサービス名として言及され、Amazon Web ServicesやGoogle App Engineによって普及した。

クラウド・コンピューティング（以下クラウド）には大きく分けて2種類ある。パブリッククラウド（すべてのユーザーが共有するクラウド環境をインターネット経由で借りて利用する形態）とプライベートクラウド（クラウドを構成するシステムと構成機器を購入またはレンタルし、自社内のみで利用する形態）である。以後本節では、パブリッククラウドについて扱う。

### クラウドの分類

クラウドのサービスは提供するレイヤーによって大きく3種類に分類できる。クラウドサービスは多様化しており、必ずしもこの3種類にぴったり当てはまらないものもあるので、イメージとして捉えてもらいたい。

### IaaS/HaaS
（Infrastructure/Hardware as a Service）

イアース／ハース。コンピュータやネットワークなどのインフラをサービスとして提供する。オンプレミスの単純な置き換えとして考えることができるので、理解しやすく、オンプレミスシステムを構築したことがあれば学習が容易。

### PaaS（Platform as a Service）

パース。IaaSより上位レイヤーのアプリケーションプラットフォームをサービスとして提供する。データベースシステムや、コードを設置するだけでWebシステムを提供できるプラットフォームなど、さまざまなレイヤーのサービスががある。

### SaaS（Software as a Service）

サース。従来ASP（Application Service Provider）と呼ばれていたものとほぼ同じで、完成したソフトウェアをサービスとして提供する。

### 主な事業者

世界的なパブリッククラウドとして以下の3つの事業者を紹介する。図1は各事業者が提供する主なサービスである。

ほかにもさまざまなクラウド事業者がサービスを展開しており、構築するシステムにあったクラウド事業者を選定するようにしよう。

## Amazon Web Services

2006年開始。パブリッククラウドの先駆けとなったサービス。元々はEC事業の赤字補填のために、インフラを売り出したのが始まり。日本には2011年から東京リージョンを設置している。

## Google Cloud Platform

2008年開始。自動でスケールするアプリケーションプラットフォームApp Engineが始まり。日本には2017年に東京リージョンが設置されている。

## Microsoft Azure

2010年開始。Windows環境のホスティングから始まったが、現在はほかの環境もサポートする。日本には関東リージョンと関西リージョンの2箇所を構える。

## クラウドのススメ

スタートした当初こそデメリットも多かったクラウドであるが、事業者の努力によってノウハウが蓄積され、サービスは大幅に改善され、現在も発展中である。きちんとサービスを選定して組み合わせることで、オンプレミスよりも安定して拡張性があり、低コストなシステムを構築することができるようになった。

ここから、クラウドのメリットとデメリットをいくつか挙げていく。クラウドを使ったシステムを提案する際は、これらのメリットとデメリットをしっかりと発注者に説明できるようにしよう。

### スモールスタート

「スモールスタート」とは、サービスの立ち上げ時には必要最小限の内容や規模でスタートし、必要に応じて規模を拡大してゆくことである。オンプレミスでは機器の注文から納品まで時間がかかり、また購入した機器は原則として使い続ける必要があるため、最初からそれなりの規模を確保しなければならないし、拡張も容易ではない。しかしクラウドでは必要なだけリソースを立ち上げることができ、能力や容量が足りなくなったときや過剰になったときに、スケールアウト（リソースの数を増やす）・スケールイン（数を減らす）・スケールアップ（能力を向上させる）・スケールダウン（能力を減少させる）を比較的簡単に実現できるため、スモールスタートの考え方にとてもマッチしている。

| 種類 | 分類 | Amazon Web Services | Google Cloud Platform | Microsoft Azure |
|---|---|---|---|---|
| 仮想マシン | IaaS | Amazon EC2 | Compute Engine | Virtual Machines |
| アプリケーションプラットフォーム | PaaS | AWS Elastic Beanstalk | App Engine | App Service |
| コンテナー | IaaS | Amazon ECS | Container Engine | Container Service |
| ネットワーク | IaaS | Amazon VPC | Cloud Virtual Network | Virtual Network |
| CDN | SaaS | Amazon CloudFront | Cloud CDN | Content Delivery Network |
| ストレージ | PaaS | Amazon S3 | Cloud Storage | Blob Storage |
| リレーショナルデータベース | PaaS | Amazon RDS | Cloud SQL | SQL Database / Azure Database |
| NoSQLデータベース | PaaS | Amazon DynamoDB | Cloud Bigtable | Cosmos DB |
| ビッグデータ | PaaS/SaaS | Amazon RedShift | BigQuery | SQL Data Warehouse |
| サーバーレスアーキテクチャ | PaaS（FaaS） | AWS Lambda | Cloud Functions | Functions |

図1 主なクラウドサービスの一覧

## 管理の省力化

Web上の管理コンソールでリソースの立ち上げ、管理、操作ができる 図2 。また、操作用のAPIが提供されていれば、プログラムからリソースを操作することができるので、運用の自動化を行うことも可能である。

また、インフラに障害が発生しても、自動的に復旧作業が実施されたり、別の機器に移動してサービスを継続したりといったことができる。24時間365日稼働し続けることが前提となるWebシステムにおいて、常に技術者を待機させる必要がなくなることは運用コストの削減につながる。ただし、停止時間を最小化するにはあらかじめ準備が必要な場合もあるので注意が必要だ。

さらに、データバックアップやソフトウェアメンテナンスを自動的に行わせるいった構成をとることもできるので、インフラの管理にかかる工数を大幅に削減することも可能である。

一方で、障害が起こった際の原因や対応内容の詳細は開示されないことがほとんどなので、その部分はあきらめる必要がある（大規模障害の際は障害レポートとして公開されることもある）。

## サーバーレスアーキテクチャ

提供するシステムによっては、常設のサーバーを設置するほどのコンピューティング能力を必要としない場合がある。このような場合に、必要なときに必要なだけコンピューティング能力を利用する仕組みが、サーバーレスアーキテクチャである。

たとえば、単純なパスワード認証を行って、資格に応じた動画コンテンツを提供するWebシステムを考えてみる。必要なコンピューティング能力は、ブラウザーから送られた資格情報を認証し、提供してよいコンテンツのリストを返すことだけである。

図3 はこのシステムのアーキテクチャ図である。HTMLやJavaScriptなどの静的コンテンツはストレージ（S3）に直接アクセスし、資格情報はAjaxを利用してプログラムに渡す（API Gateway/AWS Lambda）。プログラムは資格情報を認証し、コンテンツのリストをストレージ（S3）から取得し、アクセストークンを付加してURLをブラウザーに返す。ブラウザーはそのURLから動画にアクセスできる。

サーバーレスアーキテクチャは自動的にスケールし、クラウド事業者によってプラットフォームが維持されているため、不定期・非同期に行うジョブ、定期的に行うジョブ（バックアップやレポート集計など）、API呼び出しが中心のサービス（モバイルアプリケーションのバックエンド）など、常にコンピューティング能力が必要でなかったり、必要な能力が見積りにくいシステムの提供に適している。

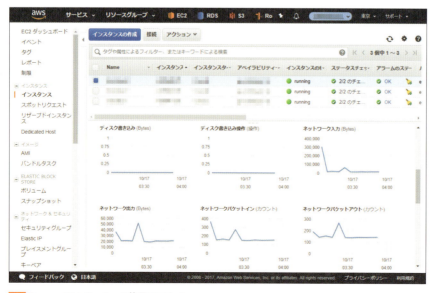

**図2** Amazon Web Servicesの管理コンソール

## セキュリティ

クラウド事業者は大抵、複数のセキュリティ認証を取得しているため、特定の認証が必要なシステムを組む場合も対応できる。またデータを暗号化する仕組みや、アクセス監査、など、セキュリティを担保する仕組みもあるため、適切に利用することで、高いセキュリティレベルのシステムを構築することができる。

ただし、クラウドはインターネット経由で利用するサービスである以上、適切なアクセス権の設定や適切な資格情報の管理を怠ると、外部からリソースあるいはデータにアクセスされ、情報漏洩やサービスの破壊につながることになる。

## インフラの分散

クラウドサービスでは、「リージョン」と「ゾーン」という単位でベースとなるインフラが提供される 図4 。

リソースをゾーンにまたがって配置することで、冗長化と耐障害性システムの構築ができる。片方のインフラに障害が起こった場合でも、もう片方のリソースで運用を継続することが可能になる。

リソースをリージョン間で分散することで、ディザスタリカバリー構成をとることができる。ディザスタリカバリーとは、リージョン全体が被害を受けるような災害が起こったとき、被害を軽減し、データを保全し、サービスの回復を行うことである。主に地理的に離れた場所にデータのバックアップを保存しておき、データの消失を防ぐ。ただし、法令あるいはコンプライアンス規定上、国外にデータを複製することが禁止されている場合があるので注意が必要である。

## 料金

基本的に、リソースを利用した分だけの支払いである。たとえば、スケールアウトで3時間だけ仮想マシンを増設した場合、3時間分の利用料を支払えばよい。

ただし、利用量の予測をしっかりと立てておかないと予想外の出費が発生することになるし、料金に変動があるため、予算化しづらい。この部分は発注者とベンダー間で取り決めを行っておこう。

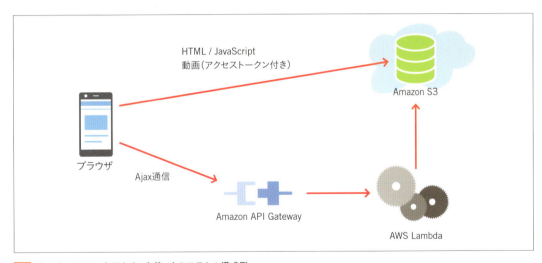

図3 サーバーレスアーキテクチャを使ったシステムの構成例

| リージョン | 地理的、ネットワーク的に独立してクラウドサービスを提供する単位 |
|---|---|
| ゾーン | リージョン内で、建物などの物理インフラが分離されている単位。ゾーン間はローカルネットワークでつながっている |

図4 クラウドにおけるインフラ提供の単位

# CHAPTER 4 — 10 デザイナーとの連携（デザイン言語システムの導入）

デザインにコンセプトや一貫性がないと、UX（ユーザー体験）が低下する、デザインのやり直しが多発する、開発が進まなくなるといったことが起こる。デザイナーとうまく連携し、デザインにコンセプトや一貫性を持たせ、スピーディーな開発を目指していこう。

解説：岩瀬 透（アイソフト株式会社）

## デザイン言語システム

デザイン言語システムとは、デザインの哲学やビジョン、コンセプト、原則、パターンなどを言葉によって定義して、デザイナーと開発者から発注者までがコミュニケーションをとるための仕組みのことである。というとどうしても難しく聞こえてしまうので、まずは狭義の解釈として、システムのUIに一貫性を持たせるための、配色、レイアウト、タイポグラフィ（フォントの選び方やテキスト装飾の付け方）、インタラクションなどに関するルール、と位置づけるとよいだろう。

## 開発現場で起こりがちなこと

開発の現場で、次のようなことを経験したことがないだろうか。

- デザイナーの上げたデザインが実装できない
- 実装してたら思っていたデザインと違うと言われた
- ページや機能ごとにデザインの雰囲気が違う
- 開発者がデザインを考えているので、開発が進まないことがある

これは主に、デザイナーとそれ以外の人達のコミュニケーションがなかったり、うまくできていないためである。==デザイン言語システムはこのようなコミュニケーション不足を解消し、一貫性があってUXのよいシステムをつくるための有用な手段となる。==

## デザイン言語システムのメリット

デザイン言語システムを構築することによるメリットを挙げてみよう。

### 一貫性が生まれる

デザイン言語システムは一貫性を保つ仕組みでもあるため、ページや機能ごとにデザインが統一される。また継続的に開発を進める際にデザインすべき要素を減らし、デザイナーが異なってもコンセプトを継承することで、一貫性を保ったまま新しい機能をつくれるようになる。

### 開発がスピードアップする

開発者がデザインのことを考える必要がなくなり、機能に集中できるようになるため、開発がスピードアップする。またコンセプトがはっきりしているため、デザインに迷うことが少なくなる。

### マルチプラットフォーム展開

iOSアプリとAndroidアプリのようにマルチプラットフォームで展開する場合も、UIを共通化し、一貫して使いやすいアプリを構築できる。

### ユーザー体験の向上

ユーザーがページごとにデザインを学習せずに済み、スムーズで快適な操作を行うことができる。

## デザイン言語システムを構築するためのステップ

デザイン言語システムを構築するには次のように考えていく。事前に誰がデザインについて責任を持ち、決定権を持つのかも決めておこう。

### ① 要素の洗い出し

新規開発の場合、システム全体に渡って、必要な要素を洗い出していく。リプレース案件の場合、既存システムを調査して、一貫性のない部分を洗い出しておくと検討材料になる。

### ② 優先順位付け

洗い出しが終わったら、よく使う要素や重要な要素を先にデザインするために、優先順位を決めよう。特に優先すべき要素は、配色やタイポグラフィ、アイコンである。Webシステムではほかによく使う要素として、ボタン、フォーム要素、テーブルなどがあるだろう。

### ③ デザインを進める

デザインする要素が決まったら、実際にデザインを進めよう。このとき、デザイナーに丸投げするのではなく、アイデアや意見を出し合って議論し、デザイナーが納得してデザインできるように心がけることが大切だ。

デザインが決まったら、コンセプトや判断の根拠などを記録しておこう。引き継ぐ際や発注者にデザインを説明する際に役立つだろう。

### ④ 実装する

デザインが上がったら、実際につくっていこう。このとき、うまく実装できなかったり、バランスが悪かったりすることもあるので、デザイナーにフィードバックして調整しよう。実装と調整ができたら整理して文書化し、ほかの開発者が使えるようにしよう 図1 。

### ⑤ ③～④を繰り返す

上記のステップを必要な要素ごとに繰り返していき、最終的に完成を目指す。

## つまみ食いをしよう

デザイン言語システムは一朝一夕にできるものではないし、完璧なものをつくり上げることはさらに困難だ。小規模なプロジェクトであればなおさら、デザインにかけるお金も時間もないということも多いだろう。そこで、既存のデザイン言語システムやフレームワークを参考にしたり、ときにはそのまま使うことを考えよう 図2 図3 。

---

例：ボタンのうちそのページの最も重要なものはオレンジ（`#ffa810`）、それ以外はグレー（`#808080`）。

例：グループ同士が隣接する場合の余白は1.5行分とする。

**図1 デザイン定義の例**
スペースの都合で割愛されているが、コンセプトや根拠も記載しよう

| 名称 | URL |
| --- | --- |
| Bootstrap | http://getbootstrap.com/ |
| Foundation | https://foundation.zurb.com/ |
| Semantic UI | https://semantic-ui.com/ |
| Material-UI | http://www.material-ui.com/ |
| UIKit | https://getuikit.com/ |

**図3 CSSフレームワークの例**
Webシステム用の再利用可能なCSS。そのまま採用してもよいし、カスタマイズしても使える

| 名称 | 作成元とURL |
| --- | --- |
| Human Interface Guidelines | Apple（iOSアプリ向け） |
| | https://developer.apple.com/design/ |
| Material Design | Google（Androidアプリ向け） |
| | https://material.io/ |
| Fluent Design System | Microsoft（Windows 10向け） |
| | https://fluent.microsoft.com/ |
| IBM Design Language | IBM |
| | https://www.ibm.com/design/language/ |
| U.S. Web Design Standards | アメリカ合衆国政府 |
| | https://standards.usa.gov/ |

**図2 デザイン言語システムの一覧**
ある程度完成されたデザイン言語システムであるので、システムのつくり方を理解するためにも役立つ

# CHAPTER 4
## 11 テスト計画を立てる

バグのないプログラムは存在しないし、バグがないことを証明することはできない。そこで、システム開発においてはテストを行う必要がある。テストには当然コストがかかるので、適切にコストを見積り、開発スケジュールに組み込もう。

解説：岩瀬 透（アイソフト株式会社）

## テストのコストを見積る

テストには一般に、次のようなコストが発生する。これらを適切に開発計画に組み込んでおく必要がある 図1 。

- テスト計画をつくる
- テストケースをつくり、テスト仕様書を書く
- テストを書く（自動テストの場合）、テスト人員と時間を確保する（手動テストの場合）
- テストを行い、パスするまでバグ修正とテストを繰り返す
- テスト結果を成果物としてドキュメント化する
- テスト用プラットフォーム（検証環境など）の構築・維持費
- セキュリティ診断などテストを外注する場合の費用

テストは発注者の協力も不可欠である。発注者は、発注者自身が負担するコスト、ベンダーに支払うシステム開発費以外にかかるコストが発生することを把握し、予算に組み入れておくことが必要である。

## テスト計画をつくる

いつ、誰がテストするのか、そのテストにはどの程度の期間がかかるのかを見積り、開発スケジュールに組み込む作業である。各テスト手法について詳しくは次節を参照。

単体テスト・結合テストは開発と同時並行か、ごく近い段階で行うのが理想である。アジャイル開発（→P110）ではイテレーション中に必ず行う。ウォーターフォール開発でも、テスト結果を受けて修正とテストを繰り返す必要があるので、「開発→テスト」は繰り返されるものという前提で計画を立てよう。

結合テストのうち、外部のモジュールやシステムと連携する場合、常にテストを行えないこともある。そのようなテストは、独立してスケジュール化する必要がある。自動テストの場合は、モックとスタブという仕組みを利用して連携の手前までテストを行っておく。

Webシステムでは機能以外にも、デザイン、レイアウトや文章などが重要になってくるが、これらは通常、自動でテストすることはできない。そのため、自動テストを採用する場合でも、ブラウザーテストを独立し

| テストの種類 | テスト主体 | 対象の要件 | テスト時期 | コスト |
|---|---|---|---|---|
| 単体テスト | ベンダー | 機能 | 開発中 | 開発費に含める |
| 結合テスト | ベンダー | 機能 | 開発中、一部独立スケジュール | 開発費に含める |
| ブラウザーテスト | ベンダー・発注者 | 機能・非機能 | 自動テストは開発中、それ以外は独立 | 発注者の人員 |
| システムテスト | ベンダー・発注者 | 非機能 | リリース前 | 環境構築費など |
| セキュリティ診断 | 外注 | 非機能 | リリース前または後 | 外注費 |

図1 テストの種類とコスト分配の例

てスケジュール化しよう。このとき、テストする具体的なブラウザーを選定しておこう。テストするブラウザーの種類に応じて時間あるいは人員が必要となる。

システムテストは、システム全体が完成あるいはほぼ完成した段階で行う。実際にプラットフォームを用意し、外部モジュールと連携するので、調達など準備に時間がかかることが考えられる。テストを行う段階で準備が完了しているよう、スケジュールを立てよう。

セキュリティ診断は、できるだけリリース前に済ませておきたい。本番環境で実施できることが理想だが、開発の進み具合や準備のスケジュール、影響範囲、診断の費用（通常、対象となる機器が増えるほど高額）を考え、検証環境での実施や、リリース後に実施する選択肢もある。

## テストケースをつくる

テストケースをつくる作業は、何をテストするか、どうやってテストするかを洗い出し、列挙するものであり、テストにおいて最も重要といっていい箇所である。テストケースが足りなければバグを見つけられないし、過剰ならばテストを行うコストを無駄に押し上げてしまう。詳しくはCHAPTER 4-13（→P128）を参照。

テストケースをつくったら、整理してテスト仕様書を書く。なお、自動テストを採用する場合は、テストを書くことでレポートがテスト仕様として利用できるので、事前にテスト仕様書を書く代わりに、テストを書き始めよう。

## テストは誰が行うのか

テストは思い込み（先入観）を排除するめ、開発に携わらない専門の人員を確保することが理想であるが、小〜中規模のシステムでは現実的でないことが多い。そのため、テストはベンダー自らが行うことになるだろう。

単体テスト・結合テストは開発者自らがテストケースをつくり、テストを行うが、相互レビューを行ってテストケースの漏れや誤りを防ごう。アジャイル開発では、テストは開発者自らが行うことが通常である。

ブラウザーテストでは、テストケースを発注者とともに機能仕様と読み合わせてレビューし、発注者もテストに参加するようにしよう。ただし発注者の参加はあくまで（ベンダー以外の）第三者の目を入れた、テストを補完する目的であり、テスト人員の一部としてカウントしてはならない。

システムテストは発注者とベンダーが共同で行うことが望ましい。ただし、どちらが主導するのかはしっかりと協議して決めておこう。

---

### COLUMN

#### よいバグ報告の書き方

テスト結果のバグ報告は、しばしば言葉足らずだったり、曖昧だったり、要点が伝えられなかった結果、開発者が何度も質問したり、何度も同じようなバグ報告をする羽目になったりする。このようなことを防ぐには、バグ報告時は次の要点を書くように心がけるとよい。無駄なやり取りが減って解決までの時間を短くできる。

#### 再現方法（何をしたのか）

どの画面に、どのような状況で、何を入力し、どんな操作をしたのかを省略せず具体的に書く。開発者が実際に同じ手順を操作し、バグを再現できるようにしよう。100%再現できない場合は、その旨を記載しよう。

ブラウザーやOSの種類とバージョンも書くようにしよう。ほかのブラウザーやOSではそのバグは起こらないかもしれない。また、発生した日時を添えると、ログからバグの原因を調査できるので喜ばれる。

#### 実際の現象

操作の結果何が起こったのか、どんな結果になったのか、何というメッセージが出たのかを書く。このとき、原因を中途半端に推測したり、メッセージの内容を省略したり、英語のメッセージを翻訳したりせずに、コピー&ペーストや画面キャプチャーなどで正確に伝えるようにしよう。

「おかしい」という語句を使わないようにしてみよう。何がどう「おかしい」のか曖昧で感情的になりやすい。事実のみを伝えるようにしよう。

#### 期待される結果

その操作でどういう結果になることを期待していたのか、あるいは仕様上どのような結果になるべきかを具体的に書く。バグだと判断する根拠になるし、修正できたかどうか確認する目安ともなる。

# CHAPTER 4
## 12 テスト手法（機能テストとシステムテスト）

テストの分類とその手法について、大きく機能テストとシステムテストの2種類に分けて解説する。テスト計画を受けて、どの段階で何をテストするかをしっかりと設計していきたい。

解説：岩瀬 透（アイソフト株式会社）

### 機能テストとシステムテスト

機能テストは、要求された機能が満たされているかをテストすることである。入力値が正しく検証されているか、データベースに値が正しく格納されるか、業務ロジックが正しく動作するか、異常値の入力に対し正しく失敗するか、などをテストする。

システムテストは、機能以外のシステム全体に関する総合的なテストのことである。非機能要件（→P084）に対するテストと言い換えてもよい。本番環境で正しく動作するかどうかのテスト、期待した性能が出るかどうかを確かめるテスト、障害対応のリハーサルなどである 図1 。

### 機能テスト

機能テストには、テストするレイヤーや切り口の違いによって、次のようなテスト手法がある。

#### 単体テスト

単体テスト（ユニットテスト）とは、システムの個々のユニットが正しく機能するかどうかのテストである。WebシステムにおいてはMVCの各コンポーネントや、ドメイン設計におけるドメインのテストが主に相当する。

#### 結合テスト

結合テスト（インテグレーションテスト）とは、単体テストで言及したユニットを組み合わせたテストである。Webシステムにおいては、画面フロー（たとえば会員登録）、バッチ処理などのテストが主に相当する。

#### ブラウザーテスト

ブラウザーテストとは、ユーザーが行うブラウザー操作をテストすることで、End-to-Endテスト（E2Eテスト）とも言う。主にブラウザーに依存する挙動や、リンク切れのチェック、クライアントスクリプトの動作テストを行う。デザインが崩れていないかのチェックも必要だろう。

#### 回帰テスト

回帰テスト（レグレッションテスト、退行テストとも）は、完成した機能が動かなくなったり、修正したバグが再発したりすることを防止するテストである。機能追加やバグ修正を行った際、既存機能が正しく動作していることや、バグが起こった状況を再現して、そのバグが起こらないことをチェックする。通常は単体で実施するものではなく、上のいずれかのテストの一部として実施する。

### システムテスト

次にシステムテストを見ていこう。こちらは開発時や検収時だけではなく、リリースや運用後にも重要になってくる。

#### 本番環境での稼働テスト

開発環境では問題なく動いていたのに、プロダクシ

ョン環境(本番環境)にデプロイしたら動かなくなってしまった、ということがある。これは主にロードバランサーだったり、ライブラリー不足、通信速度の違いなどさまざまな原因がある。そこで、プロダクション環境とまったくあるいはほぼ同じ環境を用意して、動作テストを行っておきたい。詳しくはCHAPTER 5-03 (→P138)も参考にしてほしい。

クラウドであれば数日だけ本番環境と同じ構成を用意し、テスト後に破棄することでコストを抑えることもできるが、テスト時に毎回環境を用意することになるので、コストと手間のバランスを見極めつつ検討したい。

## 可用性に対するテスト

障害時にシステムが停止することなくサービスを継続できることや、停止の必要があってもきちんとそこからサービスを復旧できることを確認するテストである。運用開始後も定期的に実施して、可用性が損なわれていないかをチェックしたい。

- ロードバランサー(負荷分散装置)であれば、障害が起こった際の切り離し、正常化した際の復帰が正しく行われるかをチェックする
- データベースであれば、スタンバイへの切り替え(フェイルオーバー) が正しく動作することをチェックする。また、元のマスターはスタンバイとして復帰するか、フェイルバックしてマスターに戻る所までチェックする
- バックアップからの復旧をリハーサルする。いざ障害時にバックアップが壊れていて復旧できない、などということがないようにしよう
- ログ収集や監視は正常に行われているか。障害時や復帰時に正しく検知できなければ元も子もない

## 性能テスト

アクセス数が少ない場合には問題がなくとも、同時アクセス数が増えた場合や、連続アクセスをした場合、データ量が増えた場合などに性能が低下することがある。そこで性能テストが重要となる。性能テストの目的は主に2つである。

- ボトルネックを見つけて改善するため。
- どの程度の同時アクセス数まで性能低下が許容範囲に収まるのかを見極めるため。

## セキュリティ診断

開発したシステムや利用したフレームワーク、ミドルウェア、OSなどに脆弱性がないか、攻撃への防御は充分かどうかのテストである。通常、専門の業者に依頼して実施する。CHAPTER 5-05(→P142)も参照。

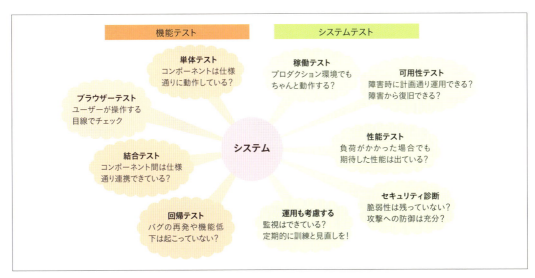

図1 システムに対してさまざまな視点からテストする

# CHAPTER 4
## 13 テストケースのつくり方

テストにおいて、取り得るすべてのパターンをテストすることは不可能なので、必要十分な条件（ケース）を決めてテストしなければならない。そのようなパターンの選び方と、Webシステム特有の注意点を挙げる。

解説：岩瀬 透（アイソフト株式会社）

## 入力値を選ぶ

テストでは、さまざまな入力値に対して期待する結果が帰ってくる、あるいは例外などのエラーを起こすことをチェックする。このひとつ一つの入力値がテストケースとなる。

入力として取り得るすべての値をチェックしているとテストケースが膨大になるため、通常は代表値を決めてチェックする。このときの代表値の決め方として、同値分割法と境界値分割法の2つの方法を挙げることができる 図1 。

### 同値分割法

期待する結果が同じになるような入力を集団（同値クラスと呼ぶ）にまとめ、その中から選んだ代表値ひとつをテストに入力して結果を確認する手法である。

入力値として有効であるか無効であるかを判定する処理はよく行われるので、それぞれ「有効同値クラス」、「無効同値クラス」と呼ぶ。

### 境界値分割法

同値クラスと同値クラスの境界となる値をテストに入力して結果を確認する手法である。境界値の定義や解釈ミス（たとえば、「未満」と「以下」の取り違え）によってバグが発生しやすいことに注目している。境界値の有効側をONポイント、無効側をOFFポイントと呼ぶ。

### デシジョンテーブル

入力が複数の組み合わせを取り得るときは、すべての組み合わせを並べて整理する。このときに用いられるのがデシジョンテーブルである。たとえば 図2 は、ECサイトで、商品合計の値段と、冷凍商品の有無で送料が変わる場合の組み合わせである。この場合、

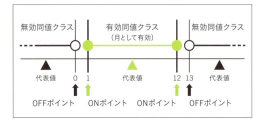

図1 同値分割法と境界値分割法の例
入力された数が月の値として有効か無効かを判定する

| | ルール | 1・2 | 3 | 4 | 5 | 6 | 7・8 |
|---|---|---|---|---|---|---|---|
| 条件 | 合計<10000 | Y | Y | Y | N | N | N |
| | 合計≧10000 | Y | N | N | Y | Y | N |
| | 冷凍食品あり | Y・N | Y | N | Y | N | Y・N |
| 結果 | 送料無料 | | - | - | | ● | |
| | 送料700円 | N/A | - | ● | - | - | N/A |
| | 送料1,300円 | | ● | | ● | | |

図2 デシジョンテーブルの例
3つの条件で送料を選択する。単純な組み合わせは8通りであるが、矛盾したルールを刈り込むことで実際には4通りですむ

※送料の仕様
商品合計10,000円未満は700円、10,000円以上は無料。ただし、冷凍商品を含む場合、合計にかかわらず1,300円
N/Aは矛盾した条件のため無効な組み合わせを表す

矛盾する条件を含むルールは入力値にならないことがあきらかなので、テストケースからは除外してよい。

　原則的にはすべての組み合わせをテストするが、組み合わせ数が増えると表が巨大になってしまうので、組み合わせによって表を分割するなどの工夫が必要となる。

### 仕様に書かれていない無効値を拾い出す

　しばしば仕様には、無効となるべき値について明確に書かれていない。テストケースをつくる際は、そのような場合も<mark>無効値を拾い出し、テストすることが必要</mark>である。また、仕様にフィードバックを行って無効値を明確に記載することが理想である。たとえば先ほどの 図2 では、商品合計が0以下の場合は入力として無効なので、エラーとなるテストケースを追加すべきである。

### HTML上の入力制限を信用しない

　HTMLフォームでは、文字列長や選択肢を制限できるが、悪意のある攻撃者はこれらの制限を無視できるし、バグによって意図せざる値が入力されることもあるので、テストにおいてこれらの入力制限を信用せず、制限外の入力値もテストすべきである。

- 文字列長の制限がある場合、制限を超過した文字列を無効同値クラスとしてテストする
- 固定の選択肢がある場合、選択肢から外れた入力値を無効同値クラスとしてテストする
- hiddenで値を受け渡す場合も、不正な入力値をテストする

## ブラウザーテスト

　ブラウザーテストでは、前提となる画面に対して、リンクやボタンをクリックする、フォームを送信するなどのアクションひとつ一つと結果がテストケースとなる。フォームに入力する値はテストの入力値であるので、前半で述べた同値分割法や境界値分割法を利用して代表値を決めよう。

　図3 はECサイトにおいて、商品ページからカートに商品を入れる場合のテストケース例である。前提条件（コンテキスト）と、アクション（フォームへの入力値、ボタンのクリックなど）に対応する期待する結果を記載している。<mark>前提条件によって同じアクションを行っても違う結果になる場合がある</mark>ことに注目したい。さらにこのサイトではひとつの商品は100個までという制限をかけているので、境界値分割法で求めたONポイントとOFFポイントをそれぞれテストしている。

## 修正したらテストを追加する

　何らかの修正を加えた場合は、テストケースに追加して、回帰テストを実施できるようにしよう。

　バグが発生したパターンでバグが発生しないことを、また、変更前の結果が起こらないことをテストする。

| 前提条件 | アクション | 期待する結果 |
| --- | --- | --- |
| カートに商品なし | 数量を選択せず『カートに追加』押下 | エラーメッセージ「×××」が表示される |
| | 数量1を選択して『カートに追加』押下 | カートに商品（数量1）が追加され、カートに遷移 |
| | 数量100を選択して『カートに追加』押下 | カートに商品（数量100）が追加され、カートに遷移 |
| | 数量101を選択して『カートに追加』押下 | エラーメッセージ「△△△」が表示される |
| カートに商品が1ある | 数量を選択せず『カートに追加』押下 | エラーメッセージ「×××」が表示される |
| | 数量1を選択して『カートに追加』押下 | 商品数量が2に増加し、カートに遷移 |
| | 数量99を選択して『カートに追加』押下 | 商品数量が100に増加し、カートに遷移 |
| | 数量100を選択して『カートに追加』押下 | エラーメッセージ「△△△」が表示される |

図3 ブラウザーテストのテストケースの例
商品をカートに入れるテストを行う。前提条件によって、結果や境界値が変わる

# CHAPTER 4
## 14 テストを自動化する手法とツール

Webシステムは、完成したらそれで終わりではない。大抵は継続的に機能拡張や、バグの修正を続けていく必要があるが、そのたびに人手をかけてテストを行うのは大変であるので、できるだけテストを自動化しておくことが重要である。

解説:岩瀬 透(アイソフト株式会社)

### テストは繰り返し行う

テストはリリースのときに一度だけ行えばよいというわけにはいかない。機能拡張やバグ修正などを行った部分はもちろんだが、機能拡張が既存機能に影響してしまったり、直したはずのバグが再発したりといった(これをレグレッションという)ことが起こりうるので、テストは開発が進むたびに繰り返し行うことが品質の維持につながるのである。

しかし毎度、数万項目にも及ぶテストを人力で行うのは大変だし、そんなコストをかけられないことがほとんどだろう。そう、継続的にテストを実施するには、テストの自動化が不可欠なのである 図1 。

### テストは開発の初期段階から書く

テストを書くには、実装の2〜5倍のコストがかかると言われている。前節で見たようにひとつの機能に対して何通りもの入力があり、さらに結合テストまで考えると、どうしてもコストがかかってしまうのである。しかし、リリース品質を維持することを考えると、これらのコストは当然支払うべきコスト(開発費用に盛り込んでおくべきコスト)だと言える。

また、開発が進んでからテストを書くとどうしてもおっくうになってしまい、網羅しきれないということが起こりうるため、できるだけ開発の初期段階からテストを書いておくことが重要である。テストを書くのは実装の前でも後でも構わない。一時期、TDD(テスト駆動開発)やテストファースト(機能を実装する前にまずテストを書く)といった取り組みが持てはやされたことがあったが、あまりそれにこだわると疲弊してしまう。

### 自動テストの手法とツール

プログラミング言語には大抵、テスト用のライブラリが用意されており、テストを書いたり、実行することができるようになっている 図2 。

▼図1 テストのサイクル

| 言語 | ライブラリ |
|---|---|
| Java | JUnit |
| PHP | PHPUnit |
| Ruby | test-unit / RSpec |
| Python | unittest |
| Node.js | Mocha |

▼図2 テスト用のライブラリの例
Webフレームワークもこれらのライブラリを利用してテストが書けるようになっている

## 画面フローのテスト

Web用フレームワークには大抵、画面フローのテストを行う機能が含まれているため、その機能を使ってテストする。通常はブラウザーの処理をシミュレートして、所定の結果が得られることをチェックする。

- ●正常系のテスト：完了画面に遷移する、所定の副作用が生じる（会員登録が完了する、メールが送信される）など
- ●異常系のテスト：所定のエラーメッセージが表示される、副作用が生じない（データベースが変化しない、メールが送信されない）など

## バッチ処理のテスト

用意したテストデータに対して実行し、期待した結果が得られることをチェックする。

## ブラウザーテスト

FirefoxやChromeなど、実際のブラウザーを立ち上げてコントロール（オートメーション）し、テストする。ChromeにはHeadless Chromeという、画面表示を行わないモード（ヘッドレスモード）が搭載されているため、GUIのない環境（CIサーバーなど→P139）でもテストできる。

これを行うエンジンとしてはSeleniumが有名で、インターフェイスはWebDriverという名前で標準化作業が進行中である 図3 。

## クロスブラウザーテスト

ブラウザーごとの挙動の違い、レスポンシブデザイン・リキッドデザインの普及、モバイル環境の多様化などにより、複数のブラウザー環境でテストしたい場合もあるだろう。すべての環境を自前で用意するのは現実的ではないので、複数の環境でテストを実行できるクラウドサービスを利用するとよい 図4 。

ただし、クロスブラウザーテストを毎回実行するのはコストや実行時間の関係で現実的ではないので、開発段階ではヘッドレスモードでテストし、リリースの前にクロスブラウザーテストを実施して確認するといったトレードオフが必要である。

## カバレッジ至上主義にならないように

テスト（特に、パスするテスト）がシステム全体をどの程度カバーしているかの率をカバレッジという。カバレッジは100％を維持することが理想ではあるが、すぐに直らないバグ、責任範囲外のライブラリやサービスに起因する不具合など、100％が維持できないこともある。

そこで、カバレッジ100％を維持することが目的になる、つまりカバレッジ至上主義に陥り、緊急性の低いバグを無理に直させたり、あるいは逆にパスしないテストを削ったりといった行動を起こさないようにしよう。こういったことが繰り返されると、100％パスするテストを書くことが目的となってしまい、テスト本来の目的である品質の維持ができなくなってしまう。テスト用のライブラリには「失敗がわかっているテスト」や「まだ書かれていないテスト」をマークしておく機能があることが多いので、このような機能を使って、テストを上手に活用していきたい。

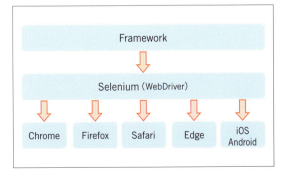

図3 **Seleniumの動作イメージ**
ブラウザーをコントロールし、画面遷移やフォーム送信をし、DOMや画面キャプチャーを取得してテストする

| サービス | URL | 月額 |
|---|---|---|
| Sauce Labs | https://saucelabs.com/ | $149〜 |
| BrowserStack | https://www.browserstack.com/ | $99〜 |
| TestingBot | https://testingbot.com/ | $20〜 |

図4 **主なクロスブラウザーテストのサービス**
手動で各ブラウザーの結果を確認することもできるので、クロスブラウザーテストを自動化しない場合もチェックしておきたい

## COLUMN

### オフショア開発に対する考え方

一昔前までは、オフショア開発といえば"低価格"、"低スキルエンジニアの大量動員"というイメージがあったが状況は変わってきた。オフショア側の技術力は着実に向上しており、エンジニアスキルは国内のエンジニアに引けを取らない。各国の一流大学でコンピューターサイエンスをしっかりと学んできたエリートたちが、非常に高いモチベーションで業務に取り組んでおり、発注側もオフショア開発に対する考え方を変えていかなければならない時期に差し掛かってきている。

### オフショア開発ではなくリモート開発

そもそもオフショア開発という言葉には、開発コストを下げるという意味合いが含まれている。発注側としても、オフショア開発を検討する際にはコスト削減への期待が一番大きいだろう。しかしながら、コスト削減が主目的のオフショア開発がうまくいったケースは少ない。考え方を変え、国内ではなかなか確保できない優秀なエンジニアの確保を主目的とし、離れた場所にいる優秀なエンジニアチームとのリモート開発と考える。

### 開発リソースではなく多様性を持ったチーム

今の時代、組織は多様性を受け入れ、積極的に活用していく必要がある。オフショア側の開発メンバーを単なる開発リソースとして捉えるのではなく、多様性を持ったチーム、メンバーとして考え、彼らの異なる視点、価値観を積極的に取り入れ、組織の競争力の向上のために活用していく 図1 。

### 出張費を十分確保する

リモート開発はただでさえコミュニケーションコストがかかる。それが異なる国籍、異なる言語、異なる価値観のメンバーとのリモート開発になればなおさらだ。少なくともプロジェクトのキックオフの際は1週間程度オフショア先に行って開発チームのメンバーと席を並べて一緒に働くべきである。そうすることで、その後のコミュニケーションが円滑に進みやすくなる。また何か問題が発生した場合でも、可能であれば対面でのコミュニケーションを第一に考えるべきだ。リモートでの問題解決に時間をかけるぐらいなら行ってしまったほうが早く解決できる場合も多い。そのためプロジェクトの予算に出張費を十分確保しておくことをお勧めする。

### 信頼関係を築く

プロジェクトを成功させるためには、発注側とオフショア側のエンジニアがお互いにコミットメントして一緒に取り組む必要があり、そのためには両者の交流が重要になってくる。発注側に悪気がなくても、どうしてもオフショア側のエンジニアに対して「教えてあげる」といったような上から目線のコミュニケーションになってしまうことがある。当たり前だが、そのようなアプローチでは信頼関係は築けない。オフショア側のエンジニア達を単なる開発リソースとして考えるのではなく、1人1人の人間として尊重し、同じ釜の飯を食べ、同じ酒を呑み、ともに笑い、ともに泣き、同じ目標に向かってともに全力で突っ走るような姿勢で臨むことが大切だ 図2 。

解説：藤村 新

図1 オフショア側の朝会の様子

図2 オフショア側とのレクリエーション

# CHAPTER 5

# リリース・運用・改善

Webサイトと同様にシステム開発も、リリースはゴールであると同時に、運用・改善というサイクルのスタートでもある。本章では主にWebシステムを中心に、リリース前後のリスクを軽減するためのポイントや、効果的な運用・改善の進め方を解説していく。

# CHAPTER 5 01 リリース前のチェックポイント

できあがったWebシステムをリリースするにあたり、あらかじめ考えておくべきこと、注意すべき点について挙げる。リリースによって発生しうるリスクをきちんと把握し、対策を考えておくことが重要だ。

解説：山岡広幸（合同会社テンマド）

## リリースにともなう影響を考える

Webシステムのリリースではシステム面、ビジネス面から影響を考えておく必要がある。システム面では、あらかじめどのようなトラブルが発生すると考えられるのかパターンを想定しておいたほうがよい。誰が対処するのか、どのように情報を共有するのか、手順を確認しておこう。

すでに稼働しているWebシステムのアップデートの場合、データベースの変更がともなうなど、サービスにアクセスできない時間帯（メンテナンス、ダウンタイム）を計画する必要があるかもしれない。その場合、Webシステムを利用できないことによるビジネスへの影響を考え、それぞれに対処する必要がある。たとえば、アクセスや売上の減少、お問い合わせの増加などだ。ダウンタイムが発生する場合、きちんと前もって告知するようにしよう。また、アクセスしてきた利用者が迷わないように、メンテナンスページにどうすればよいのかきちんと記載しよう。Googleなどの検索エンジンのためにもHTTPのステータスで503（Service Unavailable）を返すのを忘れずに。不必要にメンテナンスページがインデックスされてしまうのを防ぐことができる。システムにアクセスしてくるのは人間だけではない 図1 。

## リリースする日時を決める

リリースをいつ行うかは、リリースと同時に実施される企画があるかどうかによって違うだろう。キャンペーンや広告を通じての集客を計画していたり、ほかのシステムやAPIとの接続があるのであれば、タイミングを合わせてリリースする必要があるかもしれない。

ビジネス面での影響を抑えやすい、アクセスの少ない深夜時間帯にリリースを計画したい場合もあるだろう。ただそうすると、リリース時にトラブルが発生した場合、対応できるメンバーが揃わなかったりして対処に時間がかかってしまう可能性がある。昼間、きちんとメンバーが揃っている状態でリリース作業をしたほうがリスクを少なく抑えることができる。

曜日としては、週の前半にリリースしたほうが早期

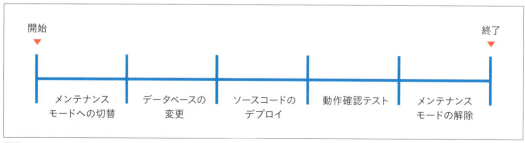

**図1 ダウンタイムのあるリリースの流れ**
メンテナンスモードが終わるまで、システムには外部からアクセスできない

に発見されるであろうWebシステムのバグやトラブルに対処しやすい。金曜日のリリースは週末で対処が遅れてしまう可能性があるので、できれば避けたほうが無難だろう。

## リリースの前準備

実際のリリース作業に至るまで、前もって進められる作業はリストアップして進めておこう。ステージング環境での念入りなテストは言う間でもなく、もしDNSの変更があるのであれば、あらかじめTTL（キャッシュの保持期間）を短くしておくことで変更にともなって切り替えにかかる時間を短くすることができる。

また、リリース時にどれぐらいのアクセスがあるのか試算しておくのも大事だ。通常通りのアクセスなのか、リリースの告知によっていつもよりもアクセスが増えたりする可能性があるのかどうか。試算に基づき、必要なら負荷テストを行うなどして、アクセスを捌くことができるか確認しておくと安心できる。

リリースによってビジネス的、システム的な数値の変化が見込まれている場合は、それぞれリリース前のデータがきちんと取得できているか確認しておこう。きちんと計測できていないと、リリースの効果測定がひどく曖昧なものになってしまう。

### 動作確認手順の用意

リリース後に動作確認する手順も用意しておこう。Webシステムへのアクセスやフォームなどの動作確認はもちろん、メールの送受信などの機能があるのであれば忘れないようにしたい。そのほかにOGPやTwitter Cardなどの設定、検索エンジンに登録するサイトマップの更新など、確認するべき箇所は多岐にわたる。メンバーで手分けして確認していけるよう、それぞれ誰が担当するのか決めておこう 図2。

### リリース失敗時の考慮

もし万一リリースが失敗した場合の対応方法も考えておこう。何かしらのトラブルがあった場合に、すぐに修正を行うなどしてリカバリーを行うのか、旧来のバージョンに一時的に戻し、修正・対応を行った上で再度リリースを計画するのか、判断基準を決めておきたい。すぐに修正しようと思ったら意外に時間がかかってしまい、メンテナンスがいつまでも終わらないというような事態は避けたいところだ。

前のバージョンに戻すことを想定するのなら、データベースなどの変更を含めて戻すことが可能なのかどうか、きちんと確認しておこう。また、リリースと同時に行う企画の予定がある場合は、リリースを再度行えるようになるまで企画のスタートも遅らせる必要があるかもしれない。そうした調整が可能なのかどうかも、あわせて確認しておこう。

## リリース後のサポート

リリースが終われば場合によってはプレスリリースを配布したり、SNSで拡散したり、広告での集客をしたりすることもあるだろう。リリースはひとつの大きなイベントでもある。ビジネス面での効果を最大化しつつ、システム面ではそれをきっちりサポートできるようにしよう。

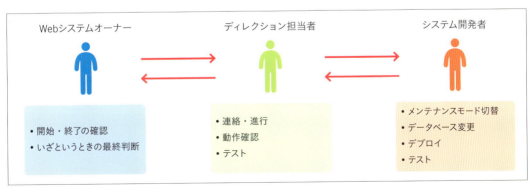

図2 リリースそれぞれの担当がなすべきこと

01 リリース前のチェックポイント

# CHAPTER 5
## 02 リリースをどのように管理していくか

Webシステムの開発サイクルの中で、リリースをどう位置づけるか、どのように管理していくかについて考える。リリースはゴールであると同時に、次のサイクルの始まりでもある。その中で最適な管理方法を見つけなければならない。

解説：山岡広幸（合同会社テンマド）

### Webシステムの開発サイクル

Webシステムはリリースして終わりではない。一番初めのリリースが終われば、そこから運用フェーズが始まる。運用していく中で新しい機能やページを追加したり、バグを修正したり、不要になった部分を削ったりしていくことになる。運用の中でのリリース戦略を考えねばならない 図1 。

### リリースの頻度と間隔

運用中のWebシステムのリリースは、システムの変更内容によってするべきタイミングが異なる。深刻なバグの修正であれば一刻をも争うだろうし、キャンペーンや広告と連動するようなリリースであればそれに合わせてのリリースが必要になるだろう。

それ以外のリリース、たとえば、機能の改善だったり、それほど重大ではないバグの修正などをどのようにリリースしていくかは、関係するチームの中でルールをつくっておくとよいだろう。たとえば、定期的なリリースをするのであれば、毎週水曜日の11時とか日時を決められる。そうするとそのタイミングに合わせる形で、開発のプロセス、サイクルを最適化することが可能になる。

定期的なリリースではなく、システムに変更がある場合は随時リリースしていくという方法を採る場合も多い。リリースの自動化については次節でも触れるが、関係者にきちんとリリースの開始・終了を通知・連絡できるようにしておく必要があるだろう。関係者が知らない間にリリースがなされていた、という事態は避けたい。

### リリースの世代管理

リリース後やリリース時に何か問題が発覚した場合、元に戻したい、リリースする前の状態に戻したいというケースがある。Webシステムの開発ではGitなどを用いたバージョン管理が手法として定着しているが、リリースについても適切な世代管理が必要だ。世代管理がきちんとなされていれば、前のバージョンに戻すことも比較的容易である。

Webシステムのリリースをどのような手法、ツールを用いて行うかにもよるが、デプロイ（ソースコードをサーバーに配布すること）のためのツールを使っていれば、たいていの場合は世代管理を行う機能がついているので、利用すべきだ。その場合、何世代前まで戻せるようにするか決めておく必要があるので、開発チーム

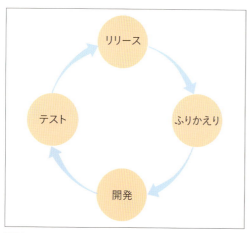

図1 Webシステムの開発サイクル

と話し合っておくとよい 図2 。

また、過去の任意のリリースのタイミングと同じ環境をつくれるようにしておくと、問題があったときの原因究明に役立てられる。Gitのtag機能などを用いることで可能になるので、開発チームに相談してみよう。

## リリースによる影響の見える化

リリースによる数値データの変化をきちんと見えるようにしたい。ビジネス的な数値の変化を記録していたり、システムのモニタリングをしているのであれば、そのデータとリリースのタイミングを紐付けて見られるようにしておくと、リリースの前後で何が変わったのかひと目でわかるようになる。Webシステムのダッシュボードなどでわかるようにしてもよいだろう 図3 。

たとえば、Webシステムの応答速度が遅くなっていたり、データベースの負荷が上がってしまっていたりしたら何らかの対処が必要になる。そのような変化にいち早く気づけるようにしよう。

## 開発サイクルに組み込む

Webシステムの開発・運用はマラソンにも例えられる。短距離を走って終わりなのではなく、リリースが終わったらまた次のリリースのことを考えていく必要がある。全体から見たロードマップやリリーススケジュールについて、チーム内できちんと共有し、話し合って皆の意識を合わせていこう。

リリースは大きなイベントではあるが、開発サイクルの中の一通過点でもある。できれば関係者で振りかえり（レトロスペクティブ）を行い、今回のリリースのよかった点、よくなかった点（発生した問題など）を洗い出した上で、次のリリースをもっとよいものに、リリース自体のプロセスもよくしていく、その繰り返しを回していきたい。

| デプロイツール | 特徴 | URL |
|---|---|---|
| **CodeDeploy** | AWSで使えるデプロイツール。リリースの世代管理を画面から行うことができる | https://aws.amazon.com/jp/codedeploy/ |
| **Capistrano** | Rubyで書かれたデプロイツール。サーバー側に何世代残すか設定が可能 | http://capistranorb.com/ |
| **Deployer** | PHPで書かれたデプロイツール。Capistranoと同等のことができる | https://deployer.org/ |
| **Fabric** | Pythonで書かれたシステム管理自動化ツール。デプロイ用途にも用いられる | http://www.fabfile.org/ |

図2 代表的なデプロイツール

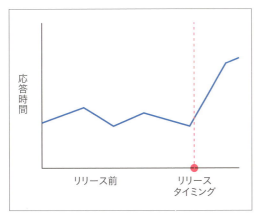

図3 ダッシュボードの例

# CHAPTER 5 03 | ステージング環境からのデプロイ

Webシステムにおけるステージング環境の役割と、自動テストのツールを用いた自動デプロイの仕組みについて解説する。ステージング環境を最大限に活かしつつ、テストやデプロイのコストをできる限り小さくして開発プロセスの効率化につなげたい。　　　　解説：山岡広幸（合同会社テンマド）

## ■ ステージング環境の目的と構築方法

　Webシステムの開発が終わり、ひと通り必要なテストが終わったあとで、プロダクション環境（本番環境、実際のシステムが動いている環境のこと）と同じ環境で正常に動作するか確認したい場合は多いだろう。そのために必要になるのがステージング環境だ。

　ステージング環境は、プロダクション環境とWebシステムのバージョンだけが違う、各種動作確認をするための環境である。

　だから基本的にプロダクション環境と同じ構成（サーバーなど）で構築されているべきだ。そうしないと折角ステージング環境で確認しても、プロダクション環境で期待通りに動くのか確信が持てないままになってしまう。

　データベースを持っているWebシステムであれば、可能な限りプロダクション環境と同様のデータをステージング環境でも用意したい。実際に稼働しているWebシステムに近い条件で動作確認やテストを行えるようにしよう。

　ステージング環境は使い捨ての環境でもある。ソースコードにバグがあってデータベースの不整合が起こる可能性もあるので、いつでも環境を捨て、つくり直せるようにしておこう。開発している機能が複数ある場合など、必要に応じて複数のステージング環境があってもよい。

## ■ 継続的インテグレーション（CI）

　さて、Webシステムの開発では、機械的に実行可能な形式でテストコードを書くことが多い。開発時にはそのテストコードを実行しながら（ユニットテスト）、コー

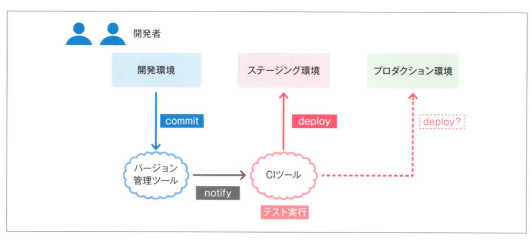

**図1** CI全体の流れ

ドを変更しても動作に問題がないか確認しながら進んでいくことになる。ユニットテストは機械的に実行可能なので、たとえば定期的に実行したり、ソースコードに改変が入った場合に実行させることも可能だ。テストに失敗した場合は通知を流すなどすれば、問題を早期に発見できるようになる。

継続的インテグレーション（Continuous Integration。略して「CI」と呼ばれる）という考え方がある。==開発の初期から継続的にテストを行い、フィードバックを頻繁にすることで、開発全体のコストを下げようという考え方==だ。そのためのツールはいろいろあるが、どれも「特定のイベントをトリガーに指定されている処理を実行する」という機能を持っている。その機能を使えば、バージョン管理ツールへのコミットがあった（トリガーとなるイベント）場合に自動的にテストを実行することが可能になる 図1 。

以前のCIツールはサーバーを用意してインストールして利用するものが主流だったが、最近ではGitHubなどのソースコード管理システムと連携して動くようなクラウド型のツールも多く、動作環境をメンテナンスしなくてすむので人気が高い 図2 。

## 自動デプロイ

CIツールを利用すると、テストが失敗することなく正常に完了した場合に、その次のステップでサーバーにソースコードをデプロイ（ソースコードをサーバーに配布すること）する設定が可能だ。もちろん、テストが失敗した場合はデプロイしない。

ソースコードの改変があるたびにテストを実施、デプロイを行うように設定すれば、常に最新のソースコードでWebシステムが動いている環境を用意することが可能になる。また、Gitなどのバージョン管理システムの機能を利用して、特定のブランチに変更があった場合にテストとデプロイが行われるようにすれば、任意のタイミングでデプロイすることもできる。

たとえばステージング環境は常に最新のソースコードが動作している状態にして、プロダクション環境には任意のタイミングでデプロイする、といった設定も可能だ。

## 開発プロセスとリリースの扱い

CIツールの利用によってデプロイそのものの作業が自動化できるので、==労力を減らすだけでなく作業ミスも減らすことができる==だろう。開発チームはより開発に専念できるようになる。

ステージング環境、プロダクション環境のそれぞれをどのように扱うかは開発プロセス上非常に重要な問題なので、開発チームと実現したい環境づくりとデプロイ方法、リリース手順について共有し、位置づけを明確にしておくとよいだろう。開発のスピードとリリースの安全性と、それぞれ両立できるようにしていきたい。

| 名前 | タイプ・URL | メリット | デメリット |
|---|---|---|---|
| Jenkins | インストール型<br>https://jenkins.io/ | ・料金がかからない、自由に動作を変更できる<br>・外部的な要因で動かなくなることがない<br>・GitHubなどバージョン管理ツールとの連携が可能 | ・動作するサーバーを用意しなければならない<br>・CIサーバー自体のメンテナンスが必要になる |
| Travis CI | クラウド型<br>https://travis-ci.org/ | ・動作環境を自分で用意・メンテナンスする必要がない<br>・GitHubなどバージョン管理ツールとの連携が可能 | ・料金がかかる（料金プランによる）<br>・複雑なタスクを設定することが難しい<br>・CIサービス自体にメンテナンスが発生することがある |
| CircleCI | クラウド型<br>https://circleci.com/ | | |
| AWS CodeBuild | クラウド型（AWSのサービス）<br>https://aws.amazon.com/jp/codebuild/ | ・インフラをAWSで統一できる<br>・通知やスケーリングなど、AWSの各サービスと連携できる | ・AWS以外の環境で使うことは想定されていない |

図2 代表的なCIツールの紹介

# CHAPTER 5 04 リプレイス開発とリリースの進め方

既存のWebシステムをリプレイスするにあたって、新規で行うWebシステム開発とは異なる部分を中心に、計画段階からリリースの前後で気をつけなければいけない点についてまとめる。

解説：山岡広幸（合同会社テンマド）

## 既存システムの理解・把握

　Webシステムのリプレイスを行う理由はいくつか考えられる。そもそもビジネスの要求に既存のWebシステムでは応えられなくなった場合、技術的に古くなってしまった場合、メンテナンス性が悪くなってきてしまった場合などがパターンとして挙げられるだろう。

　計画を作成するにあたり、重要なのは==既存システムの理解==と、==解決すべき問題点の明確化==だ。運用・改修が続けられてきた中で、そもそも本来の使われ方とは違った使われ方をしていたり、運用者以外にわからない仕様が存在したりするケースが少なくない。ヒアリングやソースコードの確認を行うなどして、既存のWebシステムを用いてできていること、できていないことを明確にしたい。その上で、リプレイス後のあるべき姿を設計すべきだ。

## データの移行計画

　たとえば、Webのオウンドメディアのリプレイスを考えてみよう。Webシステムとしてのリプレイスは単純な開発案件となるが、すでに存在している記事をどうするのかが問題になる。

　たいていの場合、データベースに記事データが保存されているので、そのデータをそのまま利用することができるのか、開発チームと確認することが必要だ。項目の追加など、再利用が難しい場合は形式を変換（コンバート）して新しいデータベースをつくらなければ

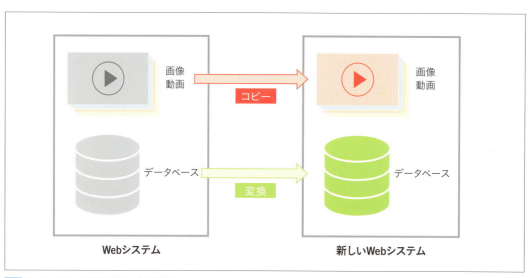

図1 Webシステムに関係するデータと移行イメージ

ならない。当然、その変換する部分の開発やテストが必要になる。また、データ量にもよるが変換自体に時間がかかってしまう可能性もあるので、しっかり見積りを行い、スケジュールに盛り込みたい。

画像や動画などを掲載している場合、そのファイルの移動などが必要になる場合もある。データの移行にかかるコストについて、きちんと見積った上でリプレイス計画をつくっていきたい 図1 。

## 運用フローの変更の確認

リプレイス後、運用のフローが変更になる場合もあるだろう。メディアであれば記事の執筆・入稿の手順が変わったり、ECサイトであれば商品の登録フローが変わったり。できるだけ運用の担当者に試してもらいながら、フィードバックをもらえるようにしておきたい。また、単にフィードバックをもらうだけでなく、それを通じてリプレイスプロジェクトへの理解も深めておきたい。

必要であれば、運用のためのマニュアルを整備するなどして、運用が移行にともなって止まってしまわないように心がけたい。既存のマニュアルがあれば、リプレイスの計画段階で参考にするようにしよう。マニュアルに載っていない暗黙知についても、できるだけ汲み上げてドキュメント化して、リプレイス後の内容に反映させよう。

## システムの移行リリース

リプレイスのリリースを行う前に、ステージング環境を利用するなどしてリハーサルを行っておきたい。通常のテストや確認作業だけでなく、データ移行やその検証を含めたリハーサルだ。単なるWebシステムのデプロイではないので、そのために全体でどれぐらいの時間がかかるのか、できるだけ既存のプロダクション環境に近いデータを用いてリハーサルを行い、実際のリリーススケジュールを立てていく。

データ移行の検証では、あらかじめ確認すべきページやアクションを決めておく必要がある。どのページを確認するのか、確認のために必要な操作は何かなど、対処方法のシナリオをつくっておこう。

また、もし移行にともなってドメインやURLの変更などがある場合は、適切なリダイレクトを行うなどして利用者の便益を図ると同時に、SEOの面でも不必要な不利益を被ることがないようにしたい 図2 。

## 移行リリース後のフォロー

リリースが終わって1週間後、1カ月後などのタイミングで、Webシステムの負荷が以前と比べてどう変化したか、運用は滞りなく行われているか、それぞれ確認するようにしておくべきだ。もし運用のコストが以前よりも上がってしまっているようなことがあれば、できるだけ早く改善していく。

たとえば、1カ月に一度、特定の条件でしか動かないようなプログラムがある場合、それがきちんと動くことを確認するのを忘れないように。できるだけ早く安定して運用できるような体制にできるよう、Webシステムの安定化に努めたい。

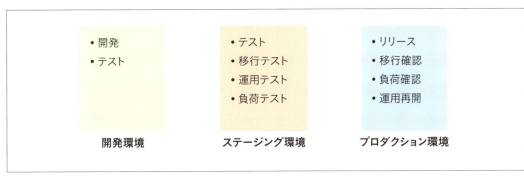

図2 システム移行の際に各環境でやるべきこと

# CHAPTER 05 Webシステムのセキュリティ

Webシステムの開発・運用を考える上で避けて通れないのがセキュリティの問題だ。開発時にどう対処すべきか、運用にあたってどう対処していけばよいのか、指針を示す。また、万一問題が起こった場合のことについても考えていく。

解説：山岡広幸（合同会社テンマド）

## セキュリティの重要性

　Webシステムは全世界に公開されているものだ。悪意を持った立場で考えた場合に、そのデータを盗んだり、改変したりすることができる可能性があるのは理解できるだろう。今日のWebシステムでは個人情報を扱ったり、高額な買い物ができたり、できることが格段に広がっている反面、セキュリティに問題があってトラブルになった場合のリスクは非常に高くなっている。何が起こりうるのかを知り、それぞれにきちんと対処できるようにしておくことが大切である。

## 開発時に意識すること

　開発チームは、==今までに起こった攻撃の手口を知った上で、既知の攻撃パターンに対してあらかじめ防げるようにしておくこと==が求められる。Webシステム開発ではセキュリティ対策を行うことは当然であり、行っていない場合はシステムの瑕疵であると契約上見なされることが多い。

　攻撃のパターンは年々増え続けており 図1 、そのすべてに対処できるようにしていかなければならない。開発するアプリケーション側で意識すること、動作するインフラ側で意識すること、それぞれあるので開発チームと情報を共有しつつ、必要な修正作業やメンテナンスにきちんと時間をかけられるようにしておかなくてはならない。

　近ごろでは開発時にセキュリティチェックのテストを行えるようなサービスも登場している。そのようなサービスを利用して開発を進めることで、リスクを減らすこともできる。

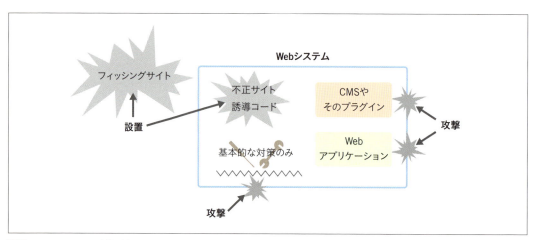

図1 Webシステムへの攻撃パターン

## 運用時に意識すること

運用状態のWebシステムでは、定期的にプロダクション環境のセキュリティ診断を受けることをオススメする。受ける目的は「問題を発見すること」なのだが、「問題がないことを確認すること」のためにも有効に使うことができる。

ただし近年、基本的な対策を行った上でセキュリティ診断を受けていたにもかかわらず、攻撃の被害に遭ってしまう事案が発生している。診断を定期的に行ったとしても、次の診断までの間に新しい脆弱性が発見されるかもしれない。また、診断がすべてセキュリティ項目を網羅できるとは限らない。対処としては、WAF（Webアプリケーションファイアウォール）やIPS（侵入防止システム）といったセキュリティ製品の導入も有効なので検討したい 図2 。

いずれにせよ、セキュリティ関連の情報は必ずキャッチアップできるようにしよう。たとえば、Webシステムが動いているサーバーのOSのバージョンが古かったり、古いソフトウェアを使っていたりすると脆弱性が残っていて、潜在的にセキュリティのリスクを抱えてしまうことになる。Webシステムの運用保守を担当するのであれば、あらかじめサーバーの各種ソフトウェアの更新や脆弱性対応に必要なコストがかかる旨をきちんと共有して、必要性を理解してもらえるようにしよう。

場合によってはサーバーの再起動が対策のため必要になることもある。その場合のメンテナンス手順に関してもあらかじめ共有しておけるとよい。

## トラブルが起こった場合に備えて

どれほどセキュリティに気を付けていても、100%トラブルを防げるわけではない。万が一セキュリティの問題が発覚しても慌てなくても済むように、対応の手順を定めておきたい。

Webシステムでセキュリティの問題が起こった場合、利用者への直接的な被害が発生するだけでなく、警察への連絡・対応やセキュリティ調査が必要になったり、場合によっては損害賠償責任が発生してしまうこともある。そして何より、運営者の社会的責任が低下し、マイナスのイメージがつきまとってしまうことにつながる。リスクとしては極めて大きいのだ。

まずは起こりうる問題の可能性について想像し、可視化しておくこと。個人情報の漏洩や、データの消失など考えられるリスクはパターン化できる。それぞれの場合において、Webシステム側で誰が対応するのか、利用者への説明手順、必要であれば外部にどのようにアナウンスするか含めて、対応策を決めておきたい。被害は最小限度に抑えられなければならない。

チーム全体でセキュリティのリスクについて認識し、対策を進められるようにしておこう。

| 名前 | 提供元・URL | 特徴 |
| --- | --- | --- |
| ModSecurity | TrustWave社（オープンソースで公開）<br>https://modsecurity.org/ | サーバーインストール型。オープンソースで公開されており、海外を含めて利用者が多い |
| Scutum | 株式会社セキュアスカイ・テクノロジー<br>https://www.scutum.jp/ | SaaS型のWAFを提供。導入が容易 |
| 攻撃遮断くん | 株式会社サイバーセキュリティクラウド<br>https://www.shadan-kun.com/ | SaaS型のWAFとサーバーにエージェントをインストールして利用できるIPSを組み合わせて利用できる |
| AWS WAF | Amazon Web Services, Inc.<br>https://aws.amazon.com/jp/waf/ | AWSのサービスであるため、AWS上のWebシステムへの導入が容易 |

図2 代表的なWAFの製品

# CHAPTER 5 06 リスク管理とプロセス

リスクに備えるには、Webシステムの状態を日頃から把握し、変化にいち早く気づけるようになっていることが大切だ。その上で、どのようなリスクが考えられるのか知っておきたい。障害をなくすことはできないが、落ち着いて対応できるように準備しておこう。

解説：山岡広幸（合同会社テンマド）

## ■ Webシステムの把握・維持

Webシステムを人間にたとえてみよう。たとえば、リスク（潜在的な危険）とは、病気になること、怪我をすること、事故に遭うことなどだ。たいていの場合、人間は自分の身体がどういう状態なのかわかっていて、熱っぽかったら薬を飲んだり、病院に行ったり、健康診断を受けたりするだろう。Webシステムにとっても必要な診断・状態の把握は同じようなものだ。

自分が関わっているWebシステムは、今どういう調子だろうか。何も問題なく稼働しているだろうか。==まずは現状の把握がきちんとできている状態を確立すること、そこから始めたい== 図1 。

### モニタリング

Webシステムが正常に動いているかどうか、把握できるように最初から整えるべきだ。もしできていないのなら、開発チームと相談してできるようにしよう。Webシステムの運用では、システムのモニタリングを継続的に行うことがとても大切だ。正しい応答を返せているかどうか、アプリケーションサーバーやデータベースの負荷は上がりすぎていないかなど、見るべきデータは多い。

多くの場合、稼働しているサーバーに状態を計測するソフトウェアを仕込んでおき、計測結果をグラフなどに描画してWebの画面で見られるようにする。そうした機能を提供しているSaaSも多くなってきているので、利用するのもいいだろう 図2 。

### 監視と障害対応

Webシステムの状態をモニタリングできるようになったら、次は異常な数値を示した場合（障害）にきちんと気づくことができる体制をつくろう。Webシステムの応答がなくなったり、負荷が上がりすぎたり、ストレ

人間
- 血圧
- 心電図
- 身長・体重
- 血液検査
  ⋮

Webシステム
- ロードアベレージ
- CPU・メモリ使用率
- ネットワーク使用量
- ストレージ使用量
  ⋮

図1 Webシステムの状態を知る

ージがいっぱいになったり、考えられる障害は案外多い。それに気づき、対応できるようにしなければならない。

多くのモニタリングツールでは、異常を検知した場合にメールを送信したり、Slackなどのコミュニケーションツールに通知を送ることができるようになっている。開発チームは通知に気づいて対応できる体制を取っておかなければならない。Webシステムの場合、24時間、365日稼働していることが多いだろう。週末や休日でも対応できるように体制を整えておく必要がある。

==障害は開発チームだけでなくディレクション担当者も知っておくべき==事件だ。たとえば、Webシステムの応答が10分間できなくなって、無事に復旧できたとしてもその10分で売上に影響が出たり、利用者からの問い合わせがあるかもしれない。

障害が起こった場合の連絡先を明確にして、適切な報告が行われるようにしよう。障害対応中、どこに情報を共有するのかもあらかじめ決めておきたい。誰が気づいて対応を始めたのか、どのような対応が必要なのか。影響範囲はどこまでなのか、そして復旧にはどれぐらい時間がかかりそうなのか、などの情報が必要になる。メールや電話などを使ってもよいが、最近だとSlackなどのコミュニケーションツールが使われることが多い。

障害対応が終わったら、原因と影響範囲、今後の再発防止策などが書かれた障害報告書を作成、関係者全員で共有するようにしよう。

### ログの確認と異常検知

多くのWebシステムでは、通常のアクセスだけでなくシステム的なエラーが発生したときにもログ出力を行うようにしているはずだ。ログにエラーが記録されたら通知されるなど、気がつける仕組みをつくっておかないと、折角のログが役立てられないままになってしまう。ユーザー登録やログインができなくなっていたり、決済エラーで利用者が物品を購入できなくなっているかもしれない。障害検知の仕組みと同様、体制を整えよう。

## 攻撃を受ける可能性も

ここまで「起こってしまう」トラブルについて書いてきたが、Webシステムの場合は「故意に起こされるトラブル」というものもある。人間でいえば事件や事故に巻き込まれるようなものだ。

まず、前節でも触れたセキュリティの問題だ。適切な対策・対応が行われていないと、セキュリティホール、脆弱性を突かれてWebシステムが動かなくなったり、データが盗まれたりする可能性がある。きちんと対策しておきたい。

多くのWebシステムは公開されているものである以上、どこからでも攻撃を受ける可能性がある、ということでもある。

| 名前 | 提供元・URL | 特徴 |
|---|---|---|
| Mackerel | 株式会社はてな<br>https://mackerel.io/ja/ | SaaSとしての提供。導入が非常に簡単で、外形監視の機能も持つ。AWSとのインテグレーションの対応が進んでいる |
| Datadog | Datadog社<br>https://www.datadoghq.com/ | SaaSとしての提供。ログの監視も行うことができる。AWSとのインテグレーションのサポートが豊富。異常値の検出など、高度なモニタリングが可能 |
| New Relic APM | New Relic社<br>https://newrelic.com/application-monitoring | SaaSとしての提供。Webアプリケーションの状態をモニタリングするのに向く。MackerelやDatadogと組み合わせての利用事例も多い |
| Zabbix | Zabbix LLC(オープンソースで提供)<br>https://www.zabbix.com/jp/ | オープンソースで開発されている。実行環境などは自前で用意する必要がある。海外を含めて利用者が多い |

図2 モニタリング・監視のためのツールとサービス

たとえば、「DDoS」という攻撃手法がある。複数の拠点からWebシステムに一斉にアクセスするなどして負荷を増大させ、ダメージを与える手法だ。WAF（Webアプリケーションファイアウォール）などを利用すれば、アクセスが急増した場合に接続を遮断するなどの対応を行うことが可能になるが、それにも限度がある。手法を理解した上で万一攻撃されてしまった場合に備えたい。

## 外的な要因によるリスク

Webシステム自体の障害でなくてもレンタルサーバーやPaaS、IaaSを利用している場合は使用しているサーバー、データベースにメンテナンスが発生する場合がある。事前にわかっている場合は適切なスケジューリングをして影響を最小限度に抑えられるようにしよう。もちろん、突発的に発生するメンテナンスもあるので、情報を集められる体制を取っておこう。

ドメインの失効やSSL（TLS）証明書の有効期限切れにも注意したい。定期的に更新が必要なので、できる限り自動化しておきたい。定期的な確認事項として全員で共有し、対応を忘れないようにしよう。

認証や決済などで利用するような外部サービスが終了したり、仕様が変わることもあるだろう。外部サービスの変更については変更の連絡が来るはずなので、見逃さないようにしたい 図3 。

## リスクにどう備えるか

障害やトラブルをゼロにすることはできない。必ず起こるものとして、対応手順と担当者を明確にしておくことが大事だ。また、いざというときの連絡手段を決めておこう。メールや電話で連絡するのか、チャットツールに集合するのか。障害の規模によってはWebシステムのオーナーへの連絡や、利用者へのアナウンスが必要になる。落ち着いて対応できるように日頃から準備しておきたい。

場合によっては障害を想定して訓練を行うことも考えてよい。最悪の事態を想定したときに、きちんとWebシステムが復旧できるかは試しておかないとわからないからだ。適切なバックアップが行われているかや、連絡がスムーズに行くかなど、確認すべきポイントは多い。

また、起こってしまった障害は貴重な経験でもある。経験を今後に活かすために、必要に応じてドキュメント化するなどして知見として共有・蓄積を行えるようにしたい。

図3 起こりうるリスクのパターン

## COLUMN

### 「炎上」のリスク

　TwitterなどのSNSが多くの人に使われるようになり、新しいリスクとして近年認識されるようになっているのが「炎上」だ。運用しているWebシステムに非難や批判、誹謗中傷が殺到してしまうような事態が起こらないとは言い切れない。

　そもそも炎上はどうして起こってしまうのだろうか。発端となる原因としては、たとえば次のようなものが挙げられるだろう。

- お知らせや告知、SNSでの発信の中での失言
- SNSのアカウントの非常識なふるまい
- SNSのアカウントの運用ミス
- 第三者によるなりすましによるもの

　しかしこれらはあくまで火種であって、実際の炎上に至るまでは大きく次のようなフェーズをたどることが知られている。つまり「発端フェーズ」「深掘り拡散フェーズ」「炎上フェーズ」である 図1 。

　発端フェーズでは、先程挙げたような事象が少数の人に発見され、ブログやSNS、匿名掲示板などで共有される。深掘り拡散フェーズでは、その内容がSNSなどを使って急速に拡散していき、その過程でより詳しい情報（真実でない憶測やデマも含む）が付け加わる形で展開していく。そして炎上フェーズになると、ニュースサイトや場合によってはテレビや新聞にも掲載され、影響がどんどん大きくなっていってしまう。不買運動や公式謝罪が求められるような事態もありうる。

### 炎上リスクを小さくするには

　ではその炎上リスクを、どうやって小さくしていけばよいのだろうか。

　発端フェーズにおける書き込みは、すべてが炎上につながるわけではない。ただ同じような書き込みが何度かされることで信憑性が増し、深掘り拡散フェーズに移行してしまうケースが多いのではないだろうか。SNSがリアルタイム性を増しているので、フェーズの移行は想像以上に速い。

　ただ、もし発端フェーズで対策・対応が行えていれば、その後の炎上につながるリスクを十分に抑えることができるだろう。早期発見が大切なのだ。ブログやSNS、匿名掲示板でのWebシステムへの言及についてはできる限りモニタリングできるようにしておきたい。特定語句がWeb上に出現したら通知してくれるようなツールを利用したり、SNSをWebシステムの名称などで検索、その結果を通知するような仕組みをつくり上げてもよいだろう。

　たとえば「サポートの返信が雑だ」という投稿があったとする。それ自体は一見大したことのない内容だが、炎上につながるリスクがあるとも言える。しかしその投稿の発見時点でサポートの取り組み方を見直したり、投稿者に対して真摯にお詫びなどして対応すれば、リスクとしては格段に軽減されるのではないだろうか。

　Web上の評判に対して敏感になること。そしてそれぞれに対して真摯に応えていく姿勢を持ち、その姿勢をWeb上できちんとアピールするような、常日頃からのアクションが求められている。

解説：山岡広幸（合同会社テンマド）

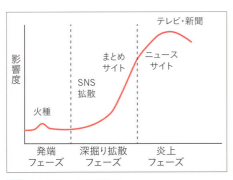

**図1** 炎上のフェーズと影響度

## CHAPTER 5 07 運用において何を管理すべきか

Webシステムはつくって終わりではない、運用していくものだ。短距離走ではなくマラソンなのだ。開発してそのままにしておくと、何のためにつくったのかわからなくなってしまう。長期的な視点で何を管理するべきか考え、実行していこう。

解説：山岡広幸（合同会社テンマド）

### ■ タスクの管理

まずはタスクの管理について考えてみたい。ひと口にタスクといっても問題を修正するもの、すでにあるものを改善するもの、まったくの新しい機能を追加するものなど、いろいろな種類がある。もちろん、==かけられるコストは有限なので、優先順位をつけて取り組んでいく==必要がある。

#### スプリントとかんばん

タスク管理の方法にはいろいろあるが、アジャイルの開発手法で用いられることの多いやり方を2つ紹介しよう。「スプリント」と「かんばん」だ。

スプリントでは、あらかじめ期間を定めた上で、その期間内に行うタスクを始めに決める（→P113）。たとえば、2週間のスプリントで3人のチームで10個のタスク（見積り済み）を行う、などだ。原則として割り込みのタスクはその2週間では行わず、次のスプリントでのタスクとして扱われる。そうすることで、チームは結果を出すことに集中でき、すばやく成果を出すことができる。

そのスプリントの中での進捗を見える化、共有するものとしてかんばんが用いられることが多い。かんばんを見れば今どのタスクが仕掛り中で、完了しているのか、未着手なのか一目瞭然である。アジャイルに限らず、いろいろな開発手法が存在するので試してみて、合うものを選ぶとよい 図1 。

### ■ リリースの管理

Webシステムはリリースの連続だ。リリースに含まれるタスクで何を実現したかったのか、もう一度思い出そう。目標とするインパクトをデータや数値に与えることができたのかどうか。リリースしたまま放置するのは、一番よくない。==取り組んだタスクの結果をきちんと分析して、ふりかえりをしよう==。その上で、さらなるタスクを考えていこう。いつどのようなリリースがあったのかは管理されている必要がある。そうしないと、データの変化と結びつけて考えられないからだ。

図1 かんばんのイメージ

## 障害の管理

Webシステムを運用していると、障害は必ず起こる。いつ何が起こったのか、きちんと記録して後からわかるようにしよう。データやビジネスへのインパクトが起こった場合に、相関関係をきちんと把握する必要がある。また、障害は起こるものではあるが利用者への影響を最小限に抑えることは可能である。そのためにも、障害の原因をきちんと探り、再発を防止するためにどうすればいいのか計画し、実行していくことが求められる。

## カスタマーサポートの情報管理

実際の利用者の声は貴重なものだ。それを日々直接聞いているカスタマーサポートの情報管理はきちんとしておきたい。特定のお問い合わせが多くなったとき、それが問題の指摘なのであれば改善できる余地があるということだ。要望の大きさも捉えることができるので、次の新しい機能のアイデアにつながるかもしれない。

サポートは一歩間違えれば大きなトラブルになる危険もあるので、それを防ぐ意味でも正確な記録を残しておくようにしたい。

## 投稿データの管理

利用者がテキストやデータ（写真など）をWebシステムに投稿できるようになっている場合、そのデータはどこの誰が投稿したものなのか、できる限りわかるようにするべきだ。普通の投稿であれば問題はないが、たとえば、事件性を帯びた投稿であった場合、知らないでは済まされない。場合によっては、警察などから投稿者のデータを求められることもある。もちろん、投稿されたデータそのものの管理（バックアップなど）も極めて重要である 図2。

## プロバイダ責任制限法

2002年、「特定電気通信役務提供者の損害賠償責任の制限及び発信者情報の開示に関する法律」が施行された。Webシステムの提供者も「役務提供者」にあたるので、たとえば、個人のプライバシーを侵害する書き込みがあってそれを放置した場合、管理者が責任を問われる可能性がある。権利侵害の被害者から削除依頼が来ることも考えられるので、きちんと対応できるようにしておこう。

## 費用・予算の管理

Webシステムの運用にかかる費用を把握し、今後の予測を立てた上で予算を考えていくのは非常に大切なことだ。何をするにもコストはかかる。その上で、抑えられる部分は抑え、必要な投資を行っていけるように予算を管理したい。チームメンバーの構成やシステムのインフラなど、適切なタイミングで見直しつつ、その時点で最適な構成にしていきたい。

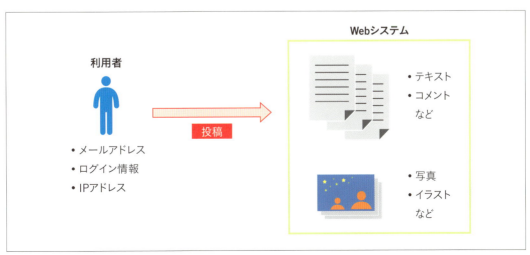

図2 投稿者の情報と投稿データ

## CHAPTER 5
## 08 Webシステムの継続的な運用とは

Webシステムを継続的に運用するにあたって、どのように進めるべきか、どのような点に注意すべきかを紹介する。ロードマップを立てて戦略的・計画的に進めること、根拠となるデータをどう収集するか。Web自体の変化に対応していくのも必要なことだ。

解説：山岡広幸（合同会社テンマド）

### ロードマップ

Webシステムを継続的に運用していくのであれば、「ロードマップ」を立てることを勧める。

ロードマップとは、==Webシステム全体のビジョン達成に向けて、この先どういったステップで進んでいくかを時系列に並べた計画==のこと。Webシステムであれば、開発やプロモーションなどの企画の計画、大きなリリースなどがステップとして挙げられるだろう**図1**。

ロードマップについてチーム全員で話し合うことで、目標が明確になり、関わっているメンバーそれぞれの立場でどう関わっていくかイメージしやすくなる。また、運用をしていると目先のリリースに気を取られがちだが、長期的な視点を持てるというメリットもある。

一度立てたロードマップは必要に応じて見直し、状況の変化をすぐに取り入れられるようアップデートしていこう。また、必ず全体の進捗としてロードマップのどの位置にいるのか、確認できるようにしておこう。

### 施策の立て方

ロードマップを立てたら、次は具体的な施策について考えていこう。==ロードマップはあくまで戦略レベルの話であり、具体的な施策に落とし込まないとアクションできない。==

施策を考えるとなると、いろいろな案が出てくるはずだ。データや数値に基づくもの、カスタマーサポートへの問い合わせで多い問題を解決するもの、単に思いついたようなもの。

当然、リソースと時間には限りがあるので、すべての

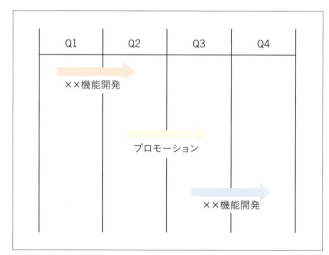

**図1** 全体のロードマップの例

施策を行うことはできない。優先順位を付けた上で、確度の高いものから取り組んでいくことになる。それぞれの施策のスコアリング（重み付け）を行おう。

目標となる数値に対して、どれだけのインパクトを与えられるか。その機能実装に、どのぐらいのリソースや時間が必要なのか。施策は複数の要因で成り立っているものだ。それぞれの要因に対して見積りを行い、計算式をつくるなどして、客観的に皆が納得できるスコアリングを行うことができるとよい。見積りは繰り返すことで精度が上がっていく 図2 。

また、特にWebサービスの場合、直感や外部的な要因（Web界隈の流行など）によって施策の優先順位を変えることもあり得るだろう。その場合は特別なスコアリングを付けるなどして、スコアリングだけにとらわれすぎないようにしたい。

## データの収集

施策の見積りをできるだけ客観的に行うため、欠かせないのがデータを使った分析だ。Webシステムを運用していくということは、大量のデータがどんどん溜まっていくということだ。利用しない手はない。Webシステム側ではアクセスログや行動ログを取ることができる。

また、たとえば、Google Analyticsのような解析ツールを使うことで、より多くのデータを得られるようになる。アクセス数や平均滞在時間などだけでなく、特定のボタンが何度押されているかや、どのような経路で会員登録ページに到達したかなど、得られるデータは多岐にわたる。

その中からどのデータを収集して活用するのか、データ利用の設計は非常に大切なプロセスだ。単に機能を実装するだけでなく、その施策の有用性を実証するためにも関連するデータを取得できるようにしておいて、効果がどれだけあるのか計測できるようにしておこう。追加で取得する必要のあるデータが出てきた場合は、開発チームに相談するなどして取得できるようにしよう。

### ツールの活用

単なる解析ツールだけでなく、DMPやCRMのようなツールを使ってもよい。

DMPは「データマネージメントプラットフォーム」の略で、訪問者のデモグラフィックデータ（行動履歴や属性情報）とWebシステムでの購買履歴や行動履歴を結びつけて、情報として管理・活用できるようにしてくれる。それぞれのデータを別々に取るのではなく、データを統合・加工することでいろいろな分析や課題の発見が可能になる。もし導入を検討するのであれば、目的をはっきりさせた上で、それをかなえられる特徴を持ったDMPベンダーの製品を選ぶとよいだろう。

CRMは「顧客（関連）管理」の略だ。CRMでは実際の顧客（登録ユーザーや購買者）をどのようにもてなすか、新規顧客獲得や満足度向上のために適切な顧客情報の管理を行うことを目的とする。うまく活用すれば、必要に応じてマーケティングメールを送るなど、施策の幅を広げることが可能になる。各ベンダーから提供されているような製品を利用してもよいし、最初のうちはWebシステムの管理機能の一部として実装して

| アイデア | 利用者獲得 | 工数 | スコア |
|---|---|---|---|
| A | 3 | 1 | 8 (3×3-1) |
| B | 5 | 13 | 2 (5×3-13) |
| C | 2 | 5 | 1 (2×3-5) |
| D | 1 | 3 | 0 (1×3-3) |

図2 アイデアのスコアリングの例

もよい。その顧客がどのような顧客なのか、わかっていることはとても大事なことだ。

## 利用者との対話

施策の案を出すにあたって、実際の利用者の声は無視できない。データからは見つけづらい希望や不満など、ユーザーインタビューやアンケートなどを実施することで得られるものもある。

また、カスタマーサポートに寄せられる問い合わせの分類、解析も重要だ。直接届けられる声はそのまま利用者が求めていることとイコールではないが、推測する材料にはなる。チャット形式のフォームなど、利用者が気軽に問い合わせたり、フィードバックを送ることができる仕組みを用意してもよいだろう。

カスタマーサポートを管理できるツール、サービスの中にはCRMのような顧客管理の仕組みを持っていたり、連携して動かすことができるようなものもあるので、検討したい 図3 。

**声なき声を聞く**

利用者の声は必ずしも問い合わせという形で届くとは限らない。もしかしたら、ブログやSNSに投稿するかもしれないのだ。Web上でどのような言及がなされているか、できるだけ把握しておくようにしたい。それは「炎上」の予防にもつながるだろう。

そして一方、実際に届けられたり把握できた声がすべてではないことに留意したい。声を上げる利用者は全体の一部でしかないので、前述したデータからの分析をきちんと行っていこう。

## リリースの活用とPR

さて、施策はリリースという形でWebシステムに組み込まれていくわけだが、それだけで終わりではない。関連するデータの収集を行い、リリースによる変化を分析することで目標を達成できたか、そうでなかったかを知ることができる。その結果はまた次の施策に活かすことができるだろう。

リリースの内容をきちんと利用者に告知したり、SNSなどを通じて発信したりしていくことも重要だ。利用者にとって新しい機能を使うきっかけになったり、SNSの投稿経由で新しい利用者になってくれる場合もある。また、定期的に新しいリリースをアナウンスすることで、Webシステムが正常に運営・運用されている印象を与えることもできる。積極的にアピールしていこう。

大きなリリースの場合、プレスリリースを配信することも検討したい。WebシステムのPRになるのはもちろんだが、運営主体（企業やグループなど）のPRにもつなげることができる 図4 。

プレスリリースまで配信しなくても、たとえば以前利用者登録して、それきり利用がないアカウントに対してお知らせのメールを送信するきっかけにできるかもしれない。リリースを最大限に活用する意識を持てるようにしよう。

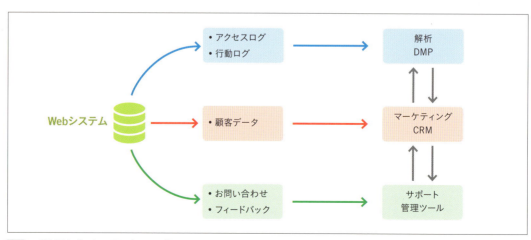

図3 ログや顧客データ、お問い合わせの管理ツールの連携

## リリース以外のメンテナンス

CHAPTER 5-05（→P142）、5-06（→P144）で書いたように、施策のリリース以外にもWebシステムのメンテナンスは発生する。セキュリティの問題を解決するためだったり、Webシステムで利用している外部サービスのメンテナンスに影響されることもあるだろう。適切なアナウンスを行い、利用者ができるだけ不便さを感じないようにしたい。

Webシステムである以上、ドメインやSSL(TLS)証明書の更新も定期的に発生するイベントなので、予定管理ソフトに登録するなどして忘れないように行うようにしたい。

## Webの変化を取り入れる

ロードマップや施策は、Webシステムのビジネス的な要件によって決められることが多いだろう。しかしWebは常に変化し、進化していくものでもある。

たとえば、HTTP/2やAMPなど、新しいトピックの中には必要に応じてWebシステムとして対応しなければいけないものも出てくる。Flashの開発・配布の終了のように、機能として使えなくなるような変化もあるので要注意だ。それだけでなく、SEOの傾向や解析ツールの新機能、新しいスマートフォン、新しいブラウザーなど、Webシステムを取り巻くトピックは多岐にわたり、それぞれ変化し続ける。

きちんと情報のキャッチアップをすること。それぞれの変化についてWebシステムや利用者に与える影響について考え、必要に応じて変化を続ける（施策に盛り込む）こと。そうしないと、たちまちWebシステムは古ぼけた印象を利用者に与えてしまったり、使い物にならなくなってしまう。

常に進化し続けられるよう、アンテナを張り巡らせてWebの変化と同期を取れるようにしていきたい。

## ファンを増やすこと

最後にもう一点、Web上の発信やコミュニケーション、リリースやメンテナンスのタイミングでのやり取りを通じて、Webシステムへの共感を増やし、ファンを増やしていきたい。

ファンを増やすことで、ユーザーインタビューやアンケートをスムーズに進められるようになる。それだけでなく、ほかの人に紹介してもらえたり、今はまだ利用しなかったとしても将来的な利用者になってくれる可能性もあるだろう。

Webシステムを運用していると「好感度」のようなものがあることに気づかされる。機能的な完成度や信頼度とも少し違う、「なんかいい」と思ってもらえているかどうかの指標のようなもの。有形無形のメリットがそこから得られるものでもあるので、意識して増やせるようにしていきたい。

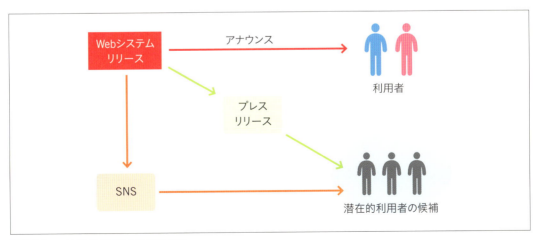

**図4** リリースを潜在的利用者の候補に届ける

# APPENDIX 1
# システム開発の基本用語集

### CRUD図　P082
データに対してどの機能で新規登録(Create)、参照(Read)、更新(Update)、削除(Delete)するかをマトリクス形式で定義した図。各処理の頭文字をとってCRUD図という。

### ER図　P081
データのまとまりである「エンティティ(Entity)」とデータ同士の関連性「リレーション(Relationship)」を表した図。それぞれの頭文字をとってER図という。

### QCD　P030
プロジェクトの成否を図る指標となる、品質(Quality)、コスト(Cost)、納期(Delivery)。プロジェクトのプロセスの各段階において、発注側と受注側がこれらを意識して進めることが重要。

### RFP（提案依頼書）　P016
発注元企業がシステム導入を外部に発注する際に、発注先候補の企業に対してシステム提案を求めるための資料を指す。発注元が作成し、システム提案に必要な依頼内容を記載する。

### アジャイル　P110
ソフトウェア開発の手法。2001年、軽量ソフトウェア開発手法を研究、実践していた17人のオピニオンリーダーたちが、それら開発手法群の共通の価値や原則に対してつけた総称。共通の価値と原則は、それぞれ「アジャイルソフトウェア開発宣言」、「アジャイルソフトウェアの12の原則」として文章化されている。

### ウォーターフォールモデル　P110
1970年にアメリカのW.W.ロイスが著した論文を参考に、1985年アメリカ国防総省が規格書としてまとめた大規模ソフトウェア開発手法。開発工程を要求、分析、設計、コーディング、テストなどの各工程が連なるものとして定義した。元の論文では前工程への手戻りも想定されていたが、国防総省の規格書では工程の手戻りを禁じている。

### 請負契約、準委任契約　P091
システム開発の際に発注元・開発ベンダー間で結ぶ代表的な契約形態。大きな違いはシステムの完成を約束するか（請負契約）、業務（システム開発）を行うことを約束するか（準委任契約）にある。

### 「運用・保守」フェーズ　P011
Webシステムのリリース後に、安定稼働を維持できる状態になった段階のこと。問題発生時の対策体制やセキュリティ対策を維持できる体制が必要となる。

### 画面要件　P078
機能要件の中でもユーザーインターフェイス(UI)に関する要件を指す。システムで使用する画面の一覧に加え、画面の遷移フローや画面の構成要素についての定義が含まれる。

### かんばん　P148
タスクの状態をたとえば「ToDo」「Doing」「Done」などのレーンに分割して全体の進捗を見えるようにしたもの。ホワイトボードや模造紙にタスクを表す付箋紙を貼り付けて作ることが多い。

### 機能テスト　P126
要件定義で定義された機能に対するテスト。入力値の検証、データベースの値、業務ロジック、異常値に対する動作などが正しく実装されているかをチェックするもの。

### 業務フロー図　P052
誰がどのような工程で業務を進めるのかを表した図。スタートから終了まで上から下（あるいは左から右）に流れで表現し、担当部署の関わりも含め業務の可視化に役立つ。

### クラウド・コンピューティング　P118
インターネット経由で仮想的なインフラやプラットフォームを立ち上げ、運用することができる仕組み。物理的な環境（オンプレミス）に比べ、立ち上げや破棄がすばやくできることが特徴のひとつ。

### 個人情報保護指針　P089
事業者が利用者の個人情報をどのように管理、保護するかの基本的な考え方や方針をまとめたもの。個人情報を取り扱う事業者はWebで公表することが望ましい。

### システムテスト　P126
機能以外のシステム全体に関する総合的なテスト（非機能要件のテスト）。本番環境の動作、可用性（耐障害性）、性能、セキュリティ対策、復旧リハーサルなど。

### スクラム　P113
軽量ソフトウェア開発手法のフレームワーク。1986年に野中郁次郎と竹内弘高が著した論文を参考に、1990年代前半にジェフ・サザーランドとケン・シュエイバーによって提唱された。アジャイルという言葉が誕生するよりも前から存在していた、代表的なアジャイル開発手法のひとつ。

### ステークホルダー　P064
会社や団体など直接あるいは間接的に利害関係にある人たちの意味。本書では、発注側の経営者、業務担当者、運用担当者など開発するシステムに関係するメンバーを指す。

### ステージング環境　P138
Webシステムの動作検証を目的に、プロダクション環境を模してつくられる環境のこと。実際に動作する環境に近い条件でテストを行えるので、プログラムの挙動だけでなく負荷などの検証も行うことができる。

### スプリント　P148
アジャイル開発において、スクラムを構成するひとつの期間単位。通常1〜4週間のタイムボックスを設定し、計画、開発、毎日のミーティング、レビュー、振りかえりのセットで開発を進めていく。

### セキュリティ要件　P086
システムをどのような外的脅威から方法で防御するかを定めたもの。セキュリティは要件がなければ際限がなくなるので、優先度を決めてしっかりと定義する。

### デザイン言語システム　P122
デザインを言葉によって定義して、コミュニケーションを取ったり、配色、レイアウト、タイポグラフィなどに関するルールを決めて、UIに一貫性を持たせるための仕組み。

### デプロイ　P138
Webシステムを構成するプログラムのソースコードを、ステージング環境やプロダクション環境に配備して実際に動作するようにすること。場合によってはデータベースの変更なども含まれる場合がある。

### ドメイン　P105
システム開発ではシステムの対象における業務領域のことで、具体的には「商品」「数量」「金額」「配送日」「配送先」「請求先」という小さな部品や、それらをまとめた「注文」などがドメインとなる。

### ヒアリング　P032
相手から、目的を持って、抱える問題や要求を引き出す(聞き出す)こと。プロジェクトの目的を実現する上で解決すべき問題や、その解決策となる手法およびシステムを考える上での情報収集。

### 非機能要件　P084
システム要件のうち、「決済機能」「検索機能」など具体的な機能以外のものを指す。たとえば性能やセキュリティ、保守体制、既存システムからの移行など。

### プロダクション環境　P138
実際に公開されるWebシステムが動作する環境(いわゆる本番環境)のこと。プログラムが動作するWebアプリケーション、データベース、ファイルストレージ、キャッシュなどの要素で構成される。

### プロバイダ責任制限法　P149
インターネット上で何らかの権利侵害が認められた場合に、サービス提供者が負うべき責任の範囲などを定めた法律。正式名称は「特定電気通信役務提供者の損害賠償責任の制限及び発信者情報の開示に関する法律」。

### ベンダー　P011
ソフトウェアやシステム、サービス、製品を販売する企業のこと。ベンダー企業自体がシステムを開発する場合もあれば、他社が開発した製品やサービスの販売・導入支援をする場合もある。

### ミドルウェア　P086
業務処理を行うアプリケーションとオペレーティングシステム(OS)の中間に入るソフトウェアのこと。アプリケーションを補助する汎用的な機能を集めたものが多い。たとえばデータベース管理システム(DBMS)などがある。

### ユーザーストーリー　P106
要求仕様を自然言語で簡潔に記述した文章。システムの利用者が機能をどのようにして使うかという観点で要求仕様が表現されている。計画づくりのための見積りの単位として使われたり、関係者間の議論を活性化するための道具としても利用される。

### 要求定義　P070
システムを利用するユーザーの立場で考えたとき、何がビジネス上必要となるかを定義すること。定義するのは、ユーザーに提供する機能だけでなく、運用を含めた発注者側の要求となる。

### 要件定義　P070
要求定義をもとにシステムが担うべき役割を機能に落とし込み定義すること。まとめる内容は、ビジネス要件、機能要件、非機能要件、運用管理などシステムに重点をおいた定義となる。

### 与件　P032
発注側が抱える事実、問題点。問題を解決するための前提として与えられている条件。現状の問題・前提条件などの把握と分析を行い、問題解決の仮説と提案を行うことを、与件整理という。

# APPENDIX 2

# 用語索引

## アルファベット

### A
Adobe XD ............................................. 079
Amazon Web Services ....................... 087, 119

### B
Backlog ................................................ 024
BANT ................................................... 035

### C
Capistrano ........................................... 137
CDN ..................................................... 060
CI ........................................................ 138
CIツール ............................................... 139
CodeDeploy ......................................... 137
CRM ..................................................... 151
CRUD図 .......................................... 082, 154

### D
Datadog ............................................... 145
DDoS ................................................... 146
Deployer .............................................. 137
DFD ..................................................... 080
DMP ..................................................... 151

### E
ER図 ............................................... 081, 154

### F
Fabric .................................................. 137
Foundation .......................................... 123
FP法 ..................................................... 092

### G
Google Cloud Platform ........................ 119
Google Data Studio ............................. 057

### H
Headless Chrome ................................ 131
Human Interface Guidelines ................ 123

### I
IaaS/HaaS ............................................ 118
IPS ....................................................... 143

### J
JUnit .................................................... 130

### M
Mackerel .............................................. 145
Material Design ................................... 123
Microsoft Azure ................................... 119
Microsoft Power BI .............................. 057
Mocha .................................................. 130
MySQL Workbench .............................. 081

### N
New Relic APM .................................... 145

### O
Open Web Application Security Project ........... 087
Origami Studio .................................... 079
OWASP ................................................ 087

### P
PaaS ..................................................... 118
PHPUnit ............................................... 130
PPDACサイクル ..................................... 051
Prott .................................................... 079

### Q
QCD ................................................ 019, 154
QCDS ................................................... 112

### R
Redmine .............................................. 024
Request for Information ...................... 016
Request for Proposal ........................... 016
RFI ....................................................... 016
RFP .......................................... 016, 020, 154
RSpec .................................................. 130

### S
SaaS ..................................................... 118

Scutum ……………………………………… 143
Selenium …………………………………… 131
SPIN ………………………………………… 035

## T
test-unit …………………………………… 130

## U
UIKit ………………………………………… 123
unittest …………………………………… 130
UX …………………………………………… 085

## W
WAF ………………………………………… 143,146
WebDriver ………………………………… 131
Webアプリケーションファイアウォール …… 143,146
Webシステム／Webアプリケーションセキュリティ要件書
　……………………………………………… 087

## X
XP …………………………………………… 111

## Z
Zabbix ……………………………………… 145

## 五十音順

### あ－お
アジャイル …………………………………… 154
アジャイル開発 …………………………… 098,110,114
アジャイルプラクティス …………………… 117
アジャイルマニフェスト …………………… 114
アジャイルソフトウェア開発宣言 ………… 114
イテレーション ……………………………… 110
インクリメント ……………………………… 113
インセプションデッキ ……………………… 102
ウォーターフォール型 ……………………… 110
ウォーターフォールモデル ………………… 154
請負契約 …………………………………… 091,154
運用／保守性 ……………………………… 085
「運用・保守」フェーズ ……………………… 154
エクストリーム・プログラミング ………… 111
エラーメッセージ …………………………… 109
炎上 ………………………………………… 147
エンティティ ………………………………… 081
オブジェクト指向設計 ……………………… 104
オフショア開発 ……………………………… 132
オンプレミス ………………………………… 118

### か－こ
回帰テスト ………………………………… 126
開発サイクル ……………………………… 136
開発プロセス ……………………………… 110
開発モデル ………………………………… 110
外部システム ……………………………… 077
課題 ………………………………………… 048
課題管理表 ………………………………… 048
画面一覧 …………………………………… 078
画面仕様 …………………………………… 108
画面遷移図 ………………………………… 078
画面フローのテスト ……………………… 131
画面要件 …………………………………… 078,154
可用性 ……………………………………… 085
可用性に対するテスト …………………… 127
かんばん …………………………………… 111,148,154
期日 ………………………………………… 096
技術プラクティス ………………………… 117
機能テスト ………………………………… 126,154
機能要求仕様書 …………………………… 028
機能要件 …………………………………… 021,074
機能リスト ………………………………… 100
境界値分割法 ……………………………… 128
協働プラクティス ………………………… 117
業務関連図 ………………………………… 021
業務フロー ………………………………… 021,052
業務フロー図 ……………………………… 028,052,154
クラウド・コンピューティング …………… 118,154
クラウドサービス ………………………… 119
クロスブラウザーテスト ………………… 131
係数モデル見積り ………………………… 092
継続的インテグレーション ……………… 103,138
結合テスト ………………………………… 124,126
コアハック ………………………………… 094
攻撃 ………………………………………… 145
個人情報保護指針 ………………………… 089,154
コミュニケーション・マネジメント ……… 043
コンテンツ配信ネットワーク …………… 060

### さ－そ
サーバーレスアーキテクチャ …………… 120
示唆質問 …………………………………… 035
システム化の範囲 ………………………… 056
システム機能要件 ………………………… 072
システムテスト …………………………… 124,126,154
システムのリプレイス …………………… 058
システムフロー図 ………………………… 076
システム要件 ……………………………… 047
自動デプロイ ……………………………… 139
準委任契約 ………………………………… 091,154
状況質問 …………………………………… 035
情報要請書 ………………………………… 016
侵入防止システム ………………………… 143

| 用語 | ページ |
|---|---|
| スクラム | 113, 155 |
| スコアリング | 151 |
| スコープ | 096 |
| ステークホルダー | 064, 155 |
| ステージング環境 | 011, 138, 155 |
| スプリント | 110, 113, 148, 155 |
| スプリントバックログ | 113 |
| スプリントプランニング | 113 |
| スプリントレトロスペクティブ | 113 |
| スプリントレビュー | 113 |
| 制限外の入力値のテスト | 129 |
| 性能テスト | 127 |
| セキュリティ | 142 |
| セキュリティ診断 | 124, 127 |
| セキュリティ要件 | 086, 155 |
| ゾーン | 121 |

## た－と

| 用語 | ページ |
|---|---|
| タスクの管理 | 148 |
| タスク・マネジメント | 043 |
| ダッシュボード | 137 |
| 単体テスト | 124, 126 |
| 中間成果物 | 110 |
| 帳票 | 082 |
| 提案依頼書 | 016, 020, 154 |
| ディザスタリカバリー | 121 |
| デイリースクラム | 113 |
| データフロー図 | 080 |
| テーマ・マネジメント | 043 |
| デザイン言語システム | 122, 155 |
| デシジョンテーブル | 128 |
| テスト計画 | 124 |
| テストケース | 125, 128 |
| 手続き型設計 | 104 |
| デプロイ | 136, 155 |
| デプロイツール | 137 |
| 投稿データの管理 | 149 |
| 投資効果簡易計算式 | 091 |
| 同値分割法 | 128 |
| 特定電気通信役務提供者の損害賠償責任の制限及び発信者情報の開示に関する法律 | 149 |
| トップダウン見積り | 092 |
| ドメイン | 105, 155 |
| ドメインオブジェクト | 105 |
| ドメイン駆動設計 | 105 |
| ドメインモデル | 105 |
| トランザクションデータ | 061 |

## は－ほ

| 用語 | ページ |
|---|---|
| バージョン管理システム | 025 |
| パブリッククラウド | 118 |
| ヒアリング | 032, 155 |
| 非機能要求グレード | 085 |
| 非機能要件 | 022, 084, 155 |
| ビジネス要件 | 047 |
| 評価軸 | 051 |
| 品質 | 096 |
| フィーチャー | 098 |
| プライバシーポリシー | 089 |
| プライベートクラウド | 118 |
| ブラウザーテスト | 124, 126, 129, 131 |
| プランニングポーカー | 099 |
| プロジェクト管理 | 096 |
| プロジェクトチーム | 036, 040 |
| プロジェクトマネジメント | 037 |
| プロセス・マネジメント | 043 |
| プロダクション環境 | 138, 155 |
| プロダクトバックログ | 100, 113 |
| プロトタイプツール | 079 |
| プロバイダ責任制限法 | 149, 155 |
| ペーパープロトタイピング | 108 |
| ヘッドレスモード | 131 |
| ベロシティ | 100 |
| ベンダー | 155 |
| ボトムアップ見積り | 093 |
| 本番環境 | 011 |

## ま－も

| 用語 | ページ |
|---|---|
| 見積り | 068, 090 |
| ミドルウェア | 013, 086, 155 |
| 無効値 | 129 |
| 無効同値クラス | 128 |
| モニタリング | 144 |
| モニタリングツール | 145 |

## や－よ

| 用語 | ページ |
|---|---|
| 有効同値クラス | 128 |
| ユーザーストーリー | 106, 155 |
| ユーザーストーリーマッピング | 098 |
| 要求定義 | 070, 155 |
| 要件定義 | 045, 070, 155 |
| 与件 | 032, 155 |
| 予算 | 096 |

## ら－ろ

| 用語 | ページ |
|---|---|
| リージョン | 121 |
| リーン開発 | 111 |
| リスク管理 | 144 |
| リプレイス開発 | 140 |
| 利用規約 | 089 |
| リリースの世代管理 | 136 |
| リリースの頻度と間隔 | 136 |
| リリース前のチェックポイント | 134 |
| 類推見積り | 092 |
| ロードマップ | 150 |

# 著者プロフィール

### 岩瀬 透（いわせ・とおる）

1979年生まれ。Windowsアプリ開発やマイコンの開発などを経験し、2000年代初頭よりWebをメインに手がけるようになる。現在はWebシステムの開発・保守からインフラの構築・運用までトータルにこなす。

### 栄前田勝太郎（えいまえだ・かつたろう）

有限会社リズムタイプ 代表取締役／プランナー／ディレクター。映像制作会社、Web制作会社を経て2002年にフリーのディレクターとして独立、2005年にリズムタイプ設立。BtoB向けのWebサイトの企画・構築・運用の実績多数。近年は企業のサービス／プロダクト開発プロジェクトに参加し、プランニング・ディレクションを担当。

https://rhythmtype.com
https://twitter.com/katsutaro

### 河野めぐみ（かわの・めぐみ）

リズムタイプメンバーの中で開発案件を担当。前職の制作会社の開発チームでWebサイト構築に関わるほか、ストリーミング映像のUI開発やディスプレイUI開発に携わる。その後、栄前田とともに独立し有限会社リズムタイプを設立。現在は、Webサービスやアプリの開発ディレクションを行う。

https://rhythmtype.com

### 岸 正也（きし・まさや）

1970年生まれ。有限会社アルファサラボ代表取締役。2005年に有限会社アルファサラボ設立。デジタルハリウッド専任講師。マーケティングからUX創出、インフラ保守までワンストップで企業サイトを支えている。直近の関心はWebの高速化。著作に『Webユーザビリティ・デザイン Web制作者が身につけておくべき新・100の法則』（インプレス）

コーポレートサイト：http://www.arfaetha.com/
自社サービス：https://thretter.com/

### 藤村 新（ふじむら・あらた）

Web系企業数社、フリーランス、ベトナムの開発会社などを経て、現在は農業ITベンチャーで新規事業開発を担当。サーバーサイド開発、技術部門のチームビルディング、プロジェクトマネジメント、アジャイル開発の実践、導入支援などを中心に行う。認定スクラムマスター、認定スクラムプロダクトオーナー、認定スクラムプロフェッショナル。

### 藤原茂生（ふじわら・しげお）

アールテクニカ株式会社 システムコンサルタント／プロデューサー。大手SIerのサーバーサイドプログラマーを経て、現在はクライアント企業での社内外システムの企画・開発・運用に携わる。フロントエンドも含めたWebアプリケーションの開発に加え、Microsoft SharePointを利用したイントラネットサイト構築を手掛ける。

http://www.artteknika.com/

### 山岡広幸（やまおか・ひろゆき）

1978年、東京・小岩生まれ。大学は文学部、その後なぜかSI業界に就職。ウノウ、Zynga Japan、デジタルガレージなどを経て、2014年、合同会社テンマドを設立。Webサービスの企画・開発・運営、エンジニアの採用、企業文化を作っていくことなどに携わる。複数の会社で社外CTOや技術顧問を務めている。

https://10mado.jp
https://twitter.com/hiro_y

制作スタッフ

| | |
|---|---|
| 装丁・本文デザイン | 菊地昌隆 |
| カバーイラスト | オオクボリュウ |
| 編集・DTP | 芹川 宏（ピーチプレス） |

| | |
|---|---|
| 編集長 | 後藤憲司 |
| 担当編集 | 熊谷千春 |

# Webディレクションの新・標準ルール システム開発編
ノンエンジニアでも失敗しないワークフローと開発プロセス

2017年12月1日 初版第1刷発行

[著者]　岩瀬 透　栄前田勝太郎　河野めぐみ　岸 正也　藤村 新　藤原茂生　山岡広幸

[発行人]　藤岡 功

[発行]　株式会社エムディエヌコーポレーション
　　　　〒101-0051　東京都千代田区神田神保町一丁目105番地
　　　　http://www.MdN.co.jp/

[発売]　株式会社インプレス
　　　　〒101-0051　東京都千代田区神田神保町一丁目105番地

[印刷・製本]　シナノ書籍印刷株式会社

Printed in Japan

©2017 Toru Iwase, Katsutaro Eimaeda, Megumi Kawano, Masaya Kishi, Arata Fujimura, Shigeo Fujiwara, Hiroyuki Yamaoka. All rights reserved.
本書は、著作権法上の保護を受けています。著作権者および株式会社エムディエヌコーポレーションとの書面による事前の同意なしに、本書の一部あるいは全部を無断で複写・複製、転記・転載することは禁止されています。

定価はカバーに表示してあります。

【カスタマーセンター】
造本には万全を期しておりますが、万一、落丁・乱丁などがございましたら、送料小社負担にてお取り替えいたします。
お手数ですが、カスタマーセンターまでご返送ください。

| | |
|---|---|
| 落丁・乱丁本などの ご返送先 | 〒101-0051　東京都千代田区神田神保町一丁目105番地<br>株式会社エムディエヌコーポレーション カスタマーセンター<br>TEL:03-4334-2915 |
| 書店・販売店の ご注文受付 | 株式会社インプレス　受注センター<br>TEL:048-449-8040／FAX:048-449-8041 |

### 内容に関するお問い合わせ先

株式会社エムディエヌコーポレーション カスタマーセンター　メール窓口

# info@MdN.co.jp

本書の内容に関するご質問は、Eメールのみの受付となります。メールの件名は「Webディレクションの新・標準ルール　システム開発編　質問係」とお書きください。電話やFAX、郵便でのご質問にはお答えできません。ご質問の内容によりましては、しばらくお時間をいただく場合がございます。また、本書の範囲を超えるご質問に関しましてはお答えいたしかねますので、あらかじめご了承ください。

ISBN978-4-8443-6718-5　C3055